World of Swallows

ツバメのせかい

著 長谷川 克　監修 森本 元

緑書房

口絵1　飛翔中のツバメ(左)と顔のアップ(右)。ツバメは体全体の形や顔の特徴が独特で、他の小鳥とは区別しやすい。第2章81頁参照。

口絵2　メス（左）とオス（右）は喉の色が違う。右の写真のように同じ光条件で比べると分かりやすいが（上：メス；下：オス）、違いが分からないことも多い。第2章74頁参照。

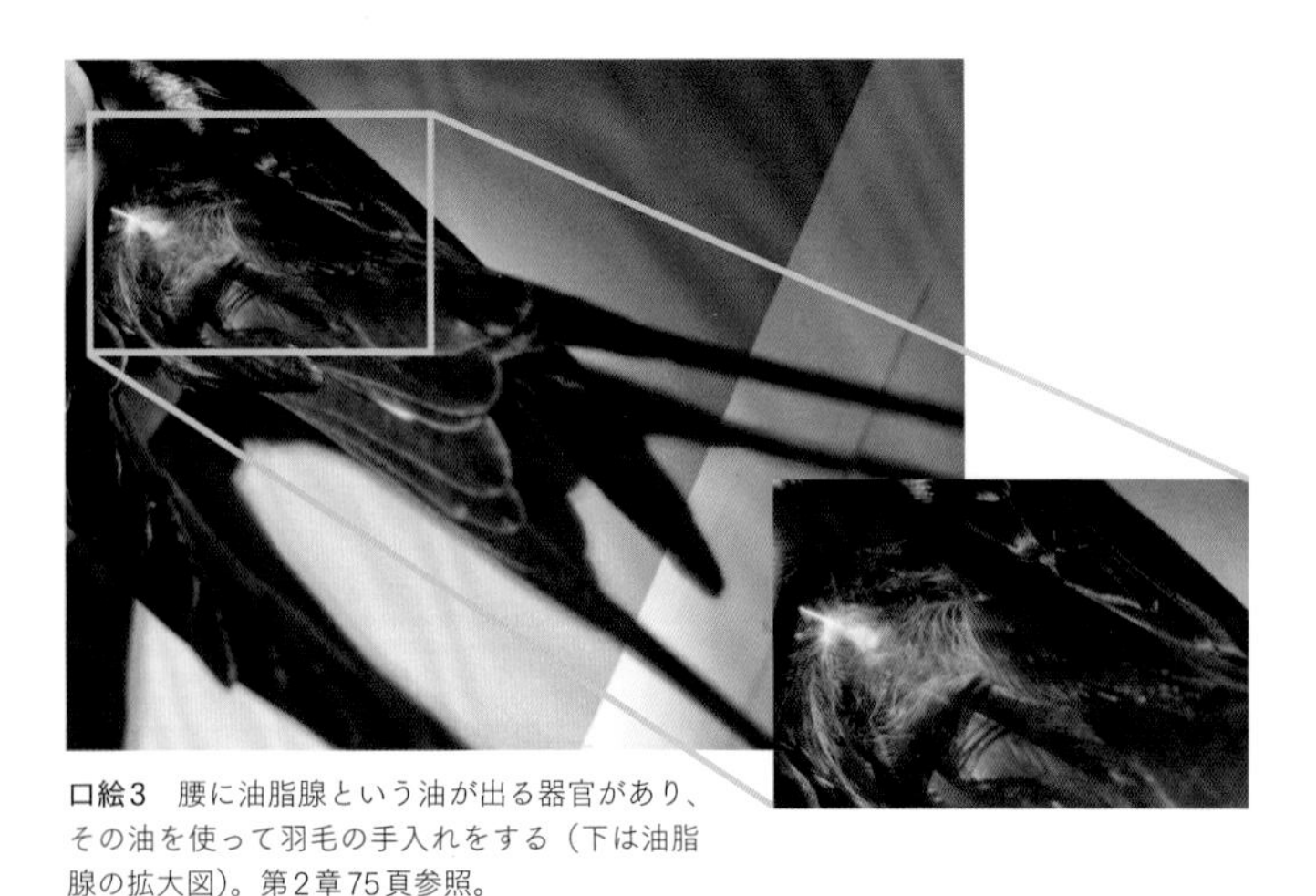

口絵3　腰に油脂腺という油が出る器官があり、その油を使って羽毛の手入れをする（下は油脂腺の拡大図）。第2章75頁参照。

口絵4　飛翔中のツバメを横から見たところ。流線形で飛翔に適した形態をしているのが分かる。第3章89頁参照。

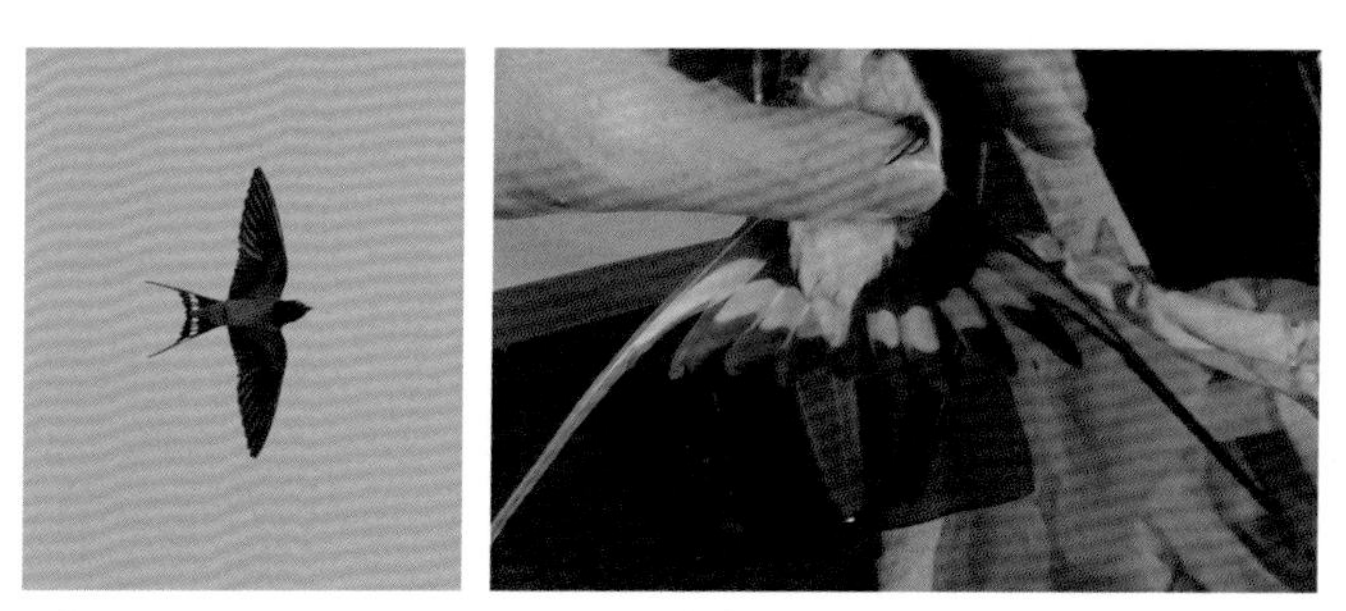

口絵5　飛翔中のツバメを下から見たところ（左）と尾羽の白斑のアップ（右）。第2章80頁参照。

口絵6　左の写真は巣立ちビナ（左）と親ツバメ（右）が並んだところ。巣立ちビナ（右の写真）は喉の色が淡く、くちばしも黄色で、燕尾も未発達。第4章141頁参照。

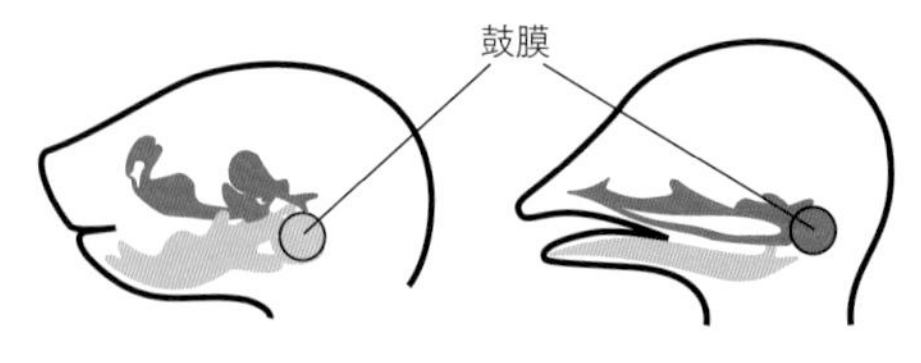

口絵7　哺乳類（左）と鳥（右）では鼓膜の起源が異なり、哺乳類は下顎（水色）から、鳥は上顎（緑色）から鼓膜が生じる。理化学研究所プレスリリース（2015年4月22日）をもとに作成。第1章28頁参照。

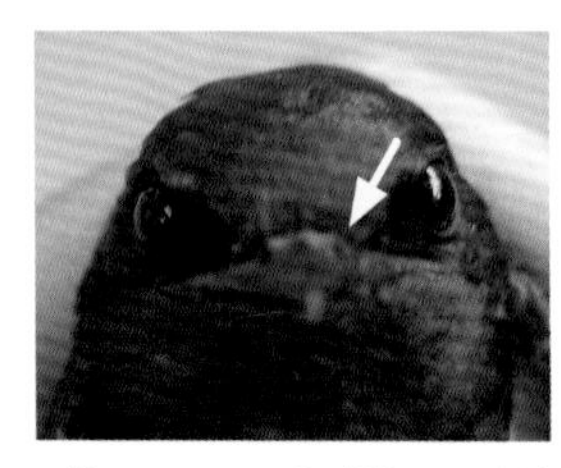

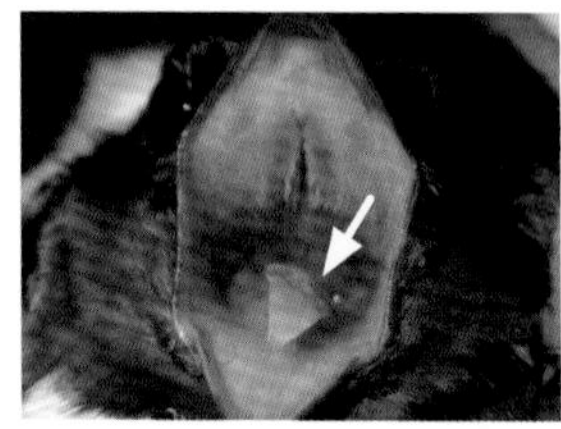

口絵8　ツバメの鼻（左）と舌（右）。それぞれ嗅覚と味覚の受容器がある。第1章29頁参照。

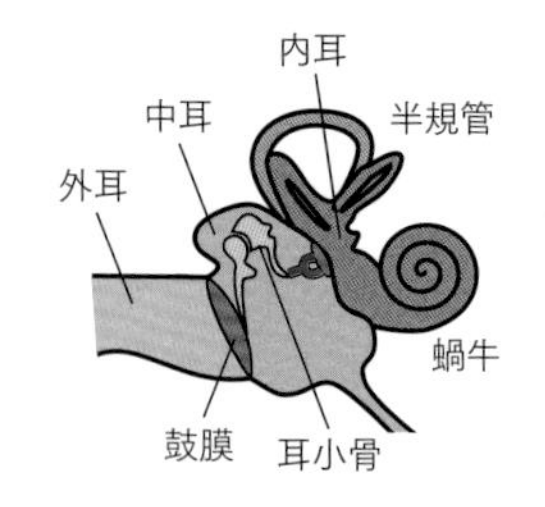

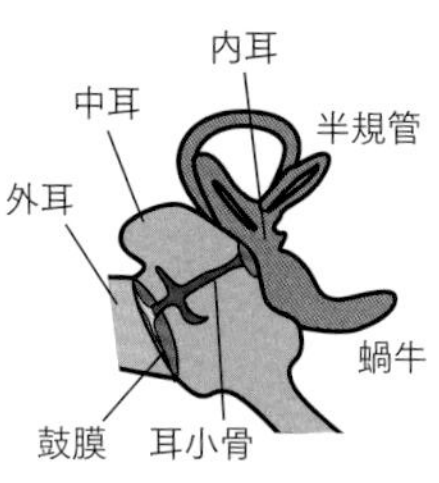

口絵9　ヒト（左）と鳥（右）の耳の構造。Tucker（2017）Phil Trans R Soc Bをもとに作成。第1章32頁参照。

口絵10　トキの化粧。繁殖期（左）は非繁殖期（右）に比べて黒っぽくなる。ツバメの化粧はここまで目立たない。第2章74～75頁参照。

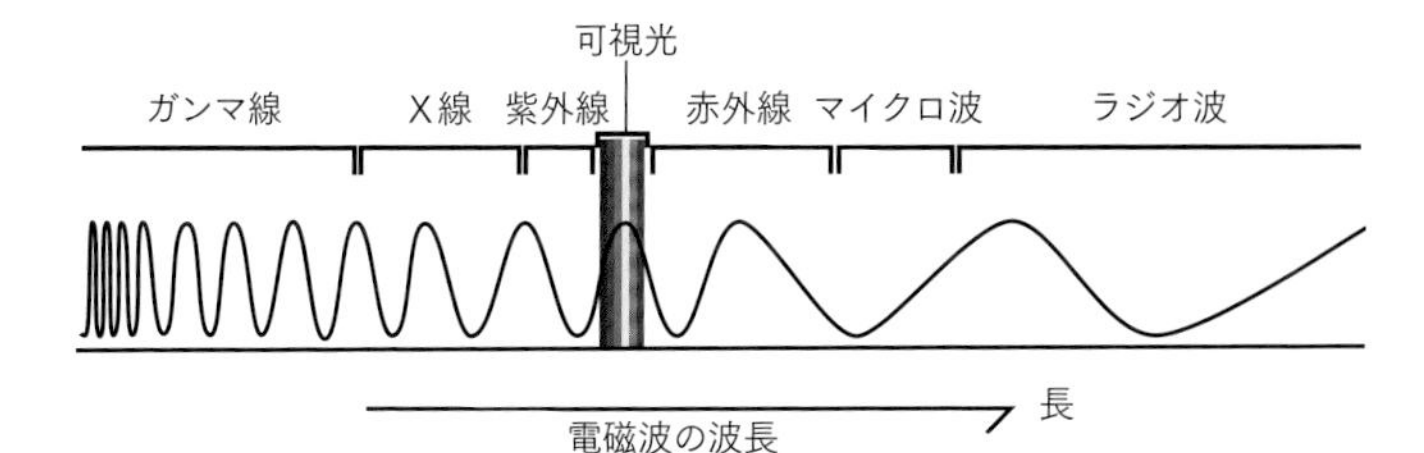

口絵11　電磁波のほんのわずかな領域が可視光で、残りは目に見えない。With (2019) Essentials of landscape ecologyをもとに作成。第2章62頁参照。

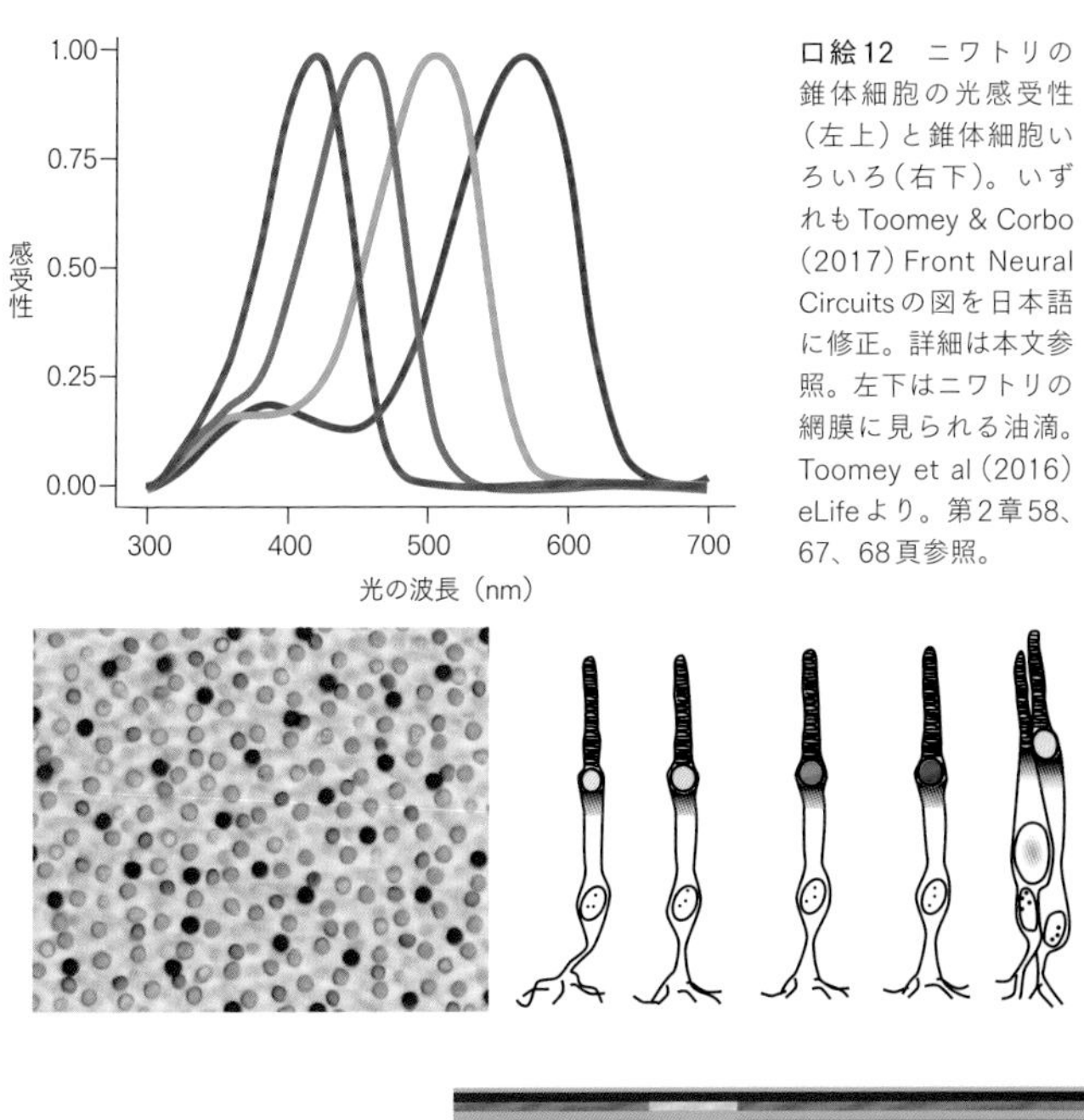

口絵12　ニワトリの錐体細胞の光感受性（左上）と錐体細胞いろいろ（右下）。いずれもToomey & Corbo (2017) Front Neural Circuitsの図を日本語に修正。詳細は本文参照。左下はニワトリの網膜に見られる油滴。Toomey et al (2016) eLifeより。第2章58、67、68頁参照。

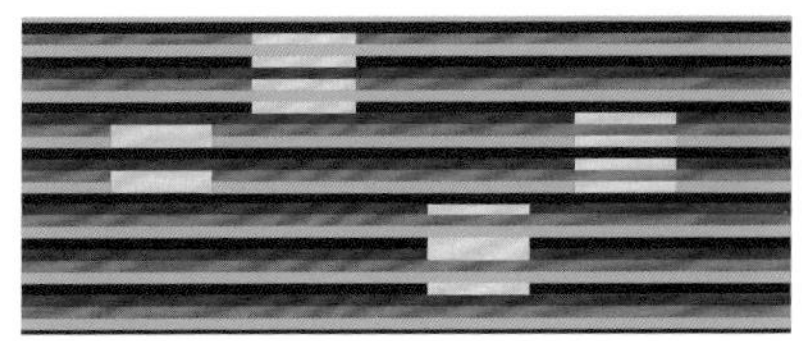

口絵13　ムンカー錯視の一例。4つの四角は全て同じ色だと言っても信じられないかもしれない。第2章82頁参照。

口絵14　メキシコマシコのオス（左）とメス（右）。換羽の時期の写真なので、オスは色が淡い。メスは通年地味。種子を食べるのに適した分厚いくちばしをしている。「ツバメ豆知識1」参照。

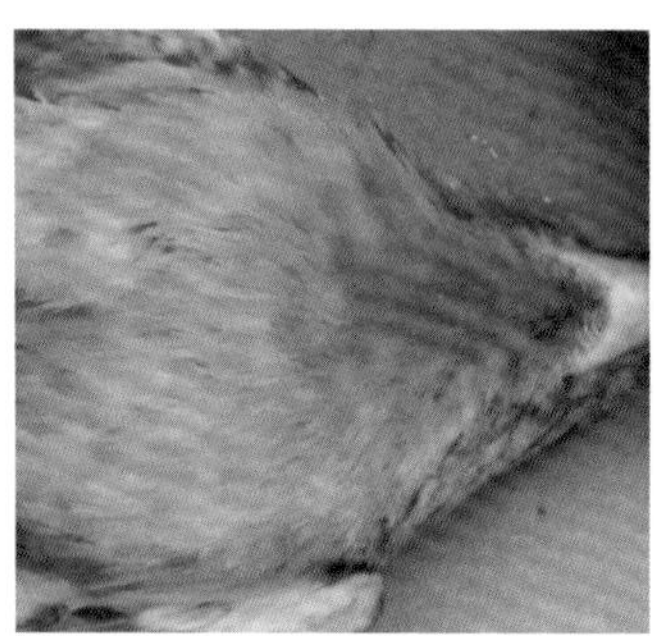
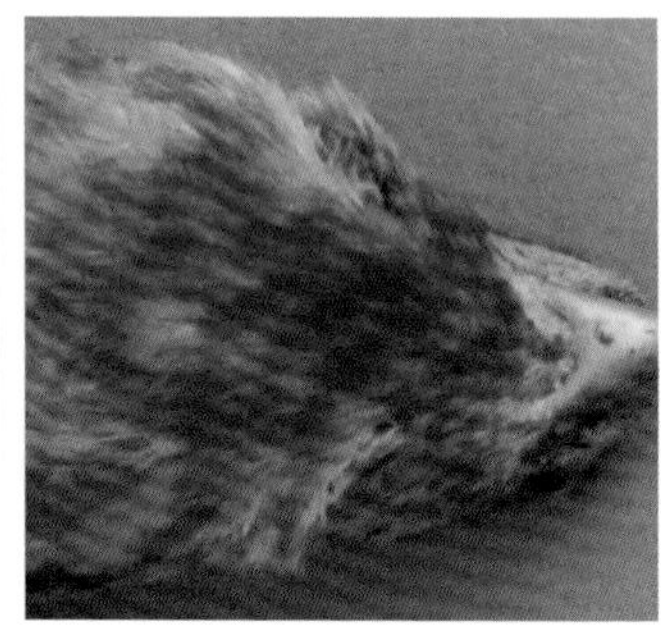

口絵15　繁殖期のメキシコマシコのオスの喉を拡大した写真2例。羽毛に含まれるカロテノイド色素によって、羽色は黄色からオレンジ（左）、赤（右）までバリエーションに富む。「ツバメ豆知識1」参照。

口絵16　アオジャコウアゲハ（左：©佐々木那由太）。アオジャコウアゲハもメキシコマシコもアリゾナの砂漠域（右）にすむ生物。「ツバメ豆知識1」参照。

口絵17　ツバメの仲間にとっての小さな餌（左：蚊の仲間）と大きな餌（右：ハエの仲間）。縮尺が違うことに注意。第3章94頁参照。

口絵18　スズメ（左）はツバメの仲間と同じ環境にすむので、ときに競合する。右写真はスズメ（左）を追い払うコシアカツバメ（右）。第3章97頁参照。

口絵19　イソヒヨドリのオス（左）とメス（右）。住宅地にもすむわりと大きな鳥で雌雄の色が大きく異なる。リュウキュウツバメの巣を乗っ取ってねぐらに使うことがある。第3章98頁参照。

口絵20　ツバメの卵やヒナを食べる捕食者。ハシボソカラス（左）とアオダイショウ（右）。第3章107頁参照。

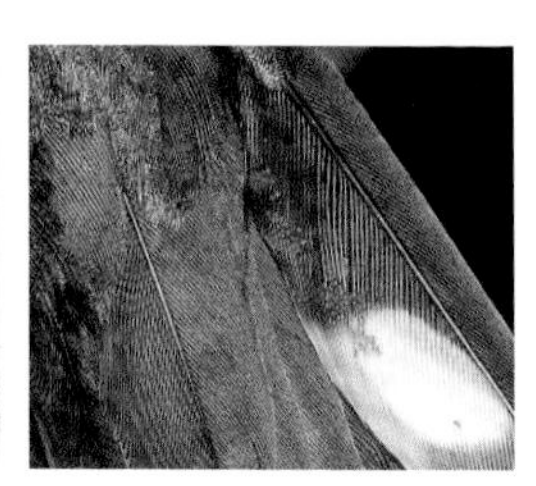
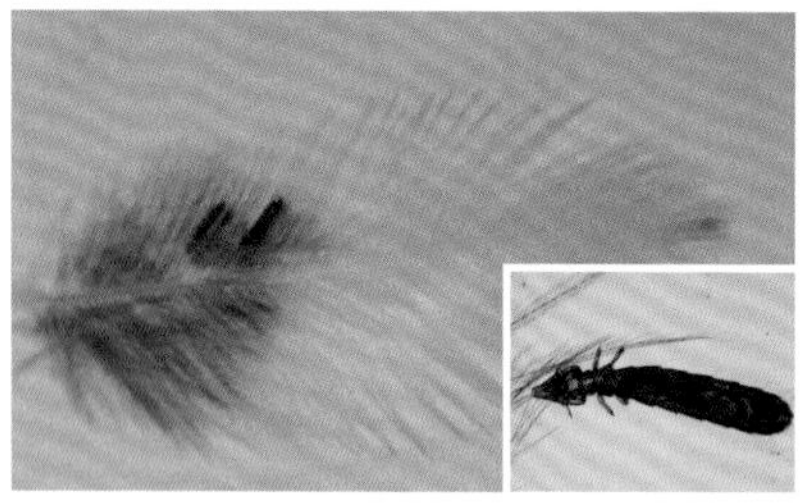

口絵21　ツバメの体表で暮らす生物いろいろ。左上から右へ順にシラミバエ、（丸いタイプの）ハジラミ、ウモウダニ。左下は細いタイプのハジラミ2匹がついた羽毛（挿図は拡大図）。第3章111、112、114頁参照。

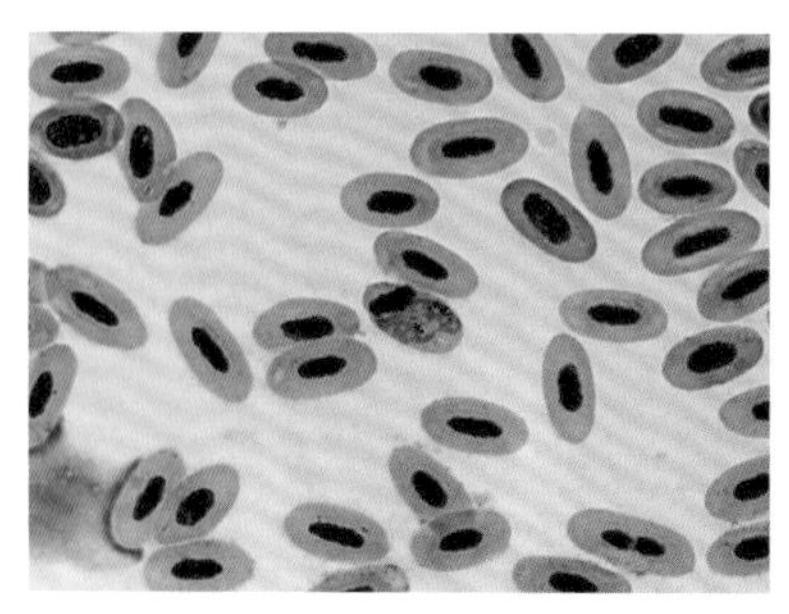

口絵22　鳥類の血液寄生原虫（Avian haemosporidia）。写真中にたくさん表示されている細胞は赤血球（鳥類の赤血球は哺乳類の赤血球と違って核があることに注意）。血液寄生原虫に感染した赤血球は細胞が濁っているように見える（中央の細胞）。写真©佐藤雪太。第5章212頁参照。

口絵23　自分の遺伝子を後世に残すには誰を助けるべきか。第4章152頁参照。

口絵24　電線に並んで止まっているツバメのペア。右がオスで左がメス。ツバメは雌雄で尾羽の長さが違うので、野外でも見分けやすい。第4章144頁参照。

口絵25　ツバメの卵と孵化したヒナ。生まれたばかりのヒナはまだ羽毛に覆われておらず、赤裸。鏡で巣内をのぞいたところ。第4章143頁参照。

口絵26　ヒナに餌を運ぶツバメのオス。ヒトが思うほど「無心に」子育てしているわけではないようだ。第4章157頁参照。

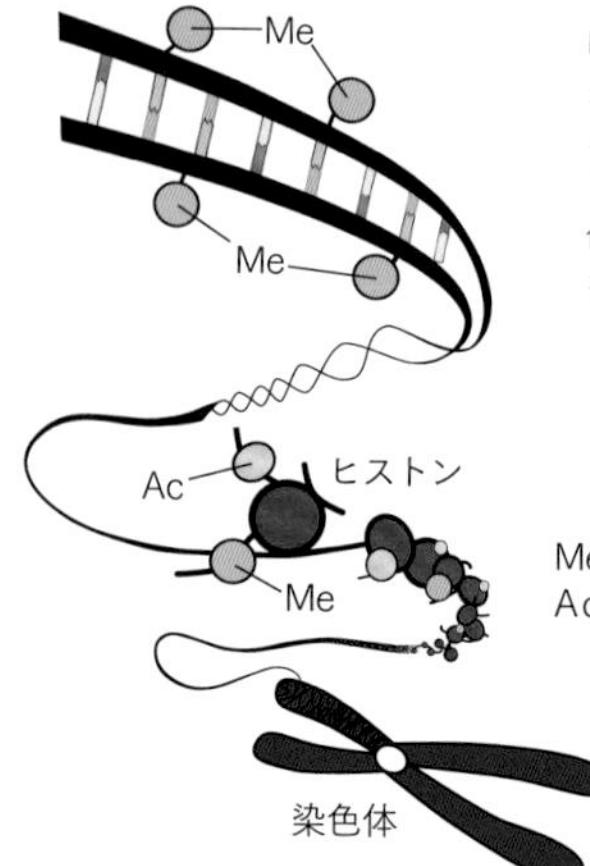

口絵27　修飾されたDNA。DNAの二重らせんがタンパク質（ヒストン）や化学物質（MeとAc）によって修飾され、コンパクトにまとめられて存在している（それがさらに凝集したものがいわゆる染色体）。Bergstrom & Dugatkin（2016）Evolutionを改変。第5章194頁参照。

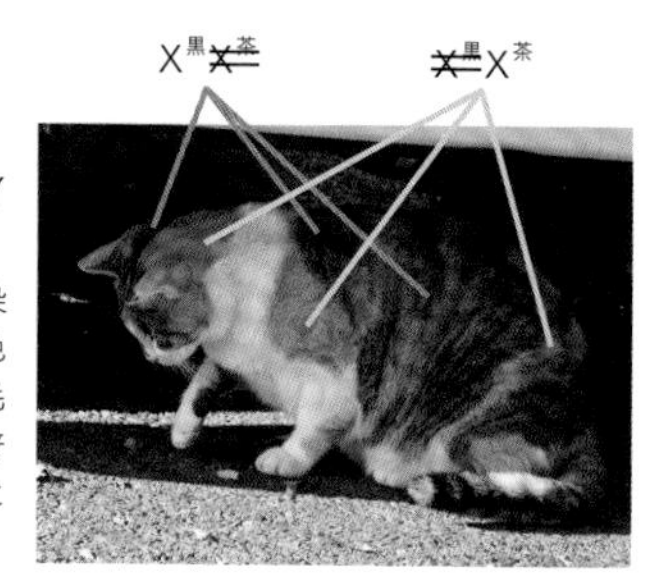

口絵28　ミケネコ。毛色の発現遺伝子は性染色体（X染色体）上にある。どちらかのX染色体は事後的にオフになるので、その場所の毛色は黒か茶かどちらか一方になる。オスは普通X染色体を1本しかもたないので、ミケになることはまずない。第5章195頁参照。

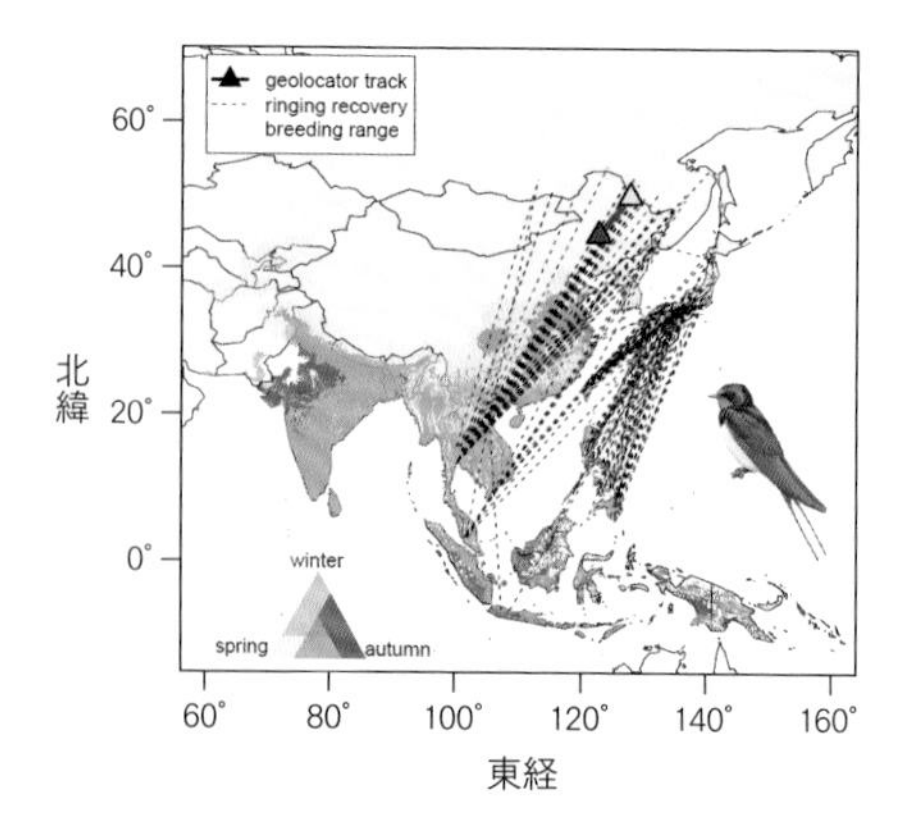

口絵29　日本周辺のツバメの渡り。灰色は繁殖地を、赤は秋の渡り、黄色は春の渡り、水色は越冬を示すが、後三者の分布の多くが重なって表示されている。Heim et al（2020）Global Ecol Conservより。第5章178頁参照。

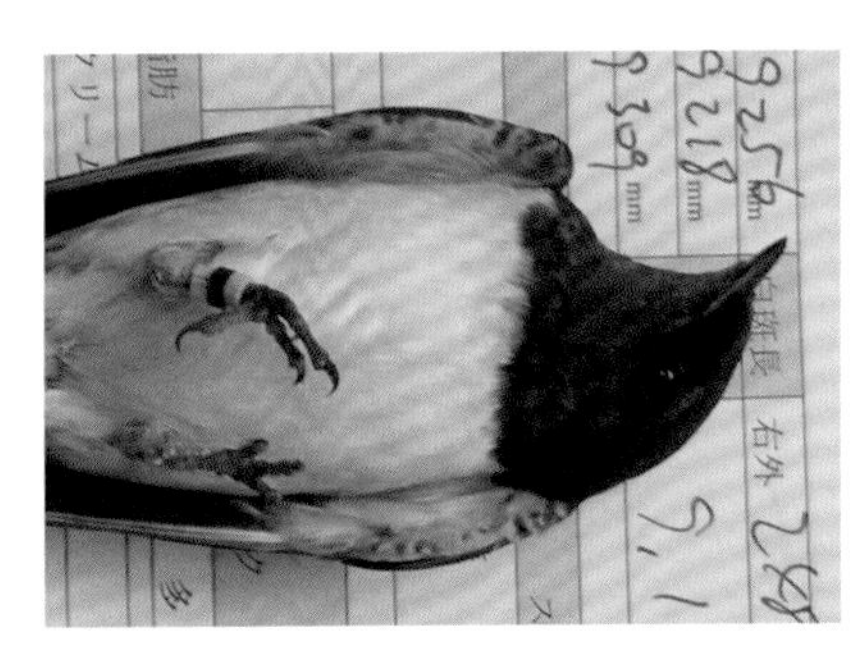

口絵30 違う色足環の組み合わせで個体識別できる。アルミリングには各個体のIDや捕まえた国の情報が記されている。ツバメは足が短いので普通の小鳥用の色足環を半分に切って使う。「ツバメ豆知識2」参照。

口絵31 抱卵中のメスの様子を見に来たオス。野外でも色足環の組み合わせから誰か分かる。第4章137頁参照。

口絵32 飛翔中は足を羽毛の下にたたんでいて見えないことが多い。飛翔に関する限り足は重荷にしかならないので、短い足は飛翔に適した特徴と考えられる。写真はおそらくメス。第3章89頁参照。

口絵33　イワツバメ2羽（左）と顔のアップ（右）。第6章227頁参照。

口絵34　下から見たイワツバメ（左）と尾羽のアップ（右）。燕尾ではなく、白斑もない。第6章227頁参照。

口絵35　イワツバメは上面が黒く、下面が白いツートンカラーの鳥で、白い腰は特によく目立つ。第6章227頁参照。

口絵36　コシアカツバメのペア(左)と顔のアップ(右)。第2章80頁参照。

口絵37　コシアカツバメを上から見た図(左)と腰のアップ(右)。深い燕尾は野外でもよく目立ち、上から見ると腰が赤いことも分かる。第2章80頁参照。

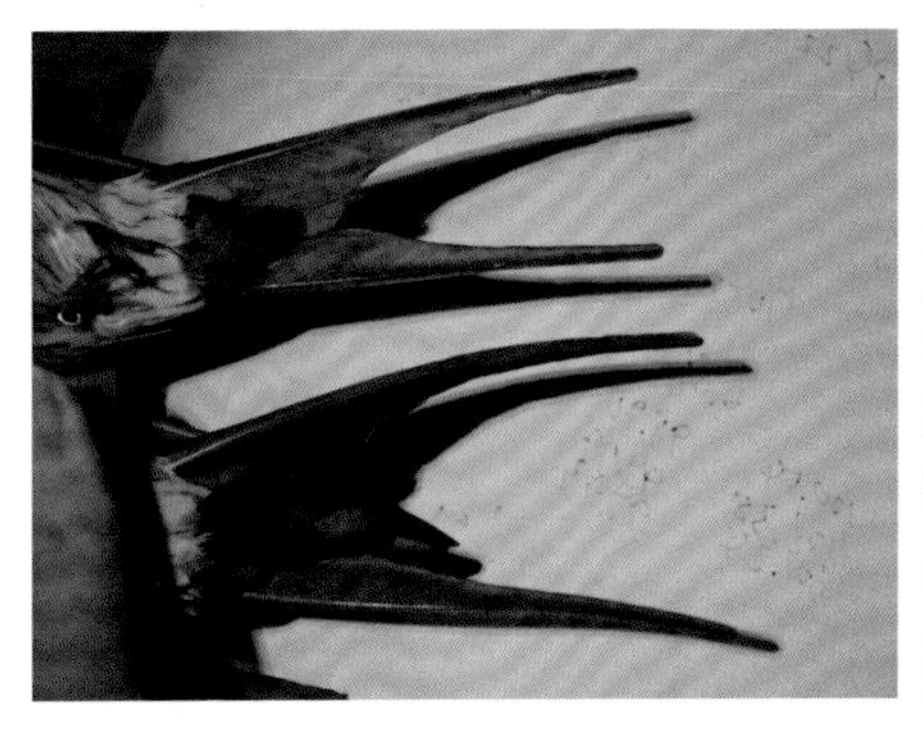

口絵38　コシアカツバメの尾羽を下から見たところ。おそらく上がメス、下がオスだが、普通のツバメほど性差がはっきりしない。普通のツバメと違って尾羽に白斑がない。よく見ると尾羽の形そのものも普通のツバメとは異なる。第2章80頁参照。

口絵39 リュウキュウツバメ（左）と顔のアップ（右）。普通のツバメより喉や額の赤い部分が大きい。第5章203頁参照。

口絵40 飛翔中のリュウキュウツバメ（左）と尾羽のアップ（右）。燕尾は浅く、白斑も小さい。第5章202頁参照。

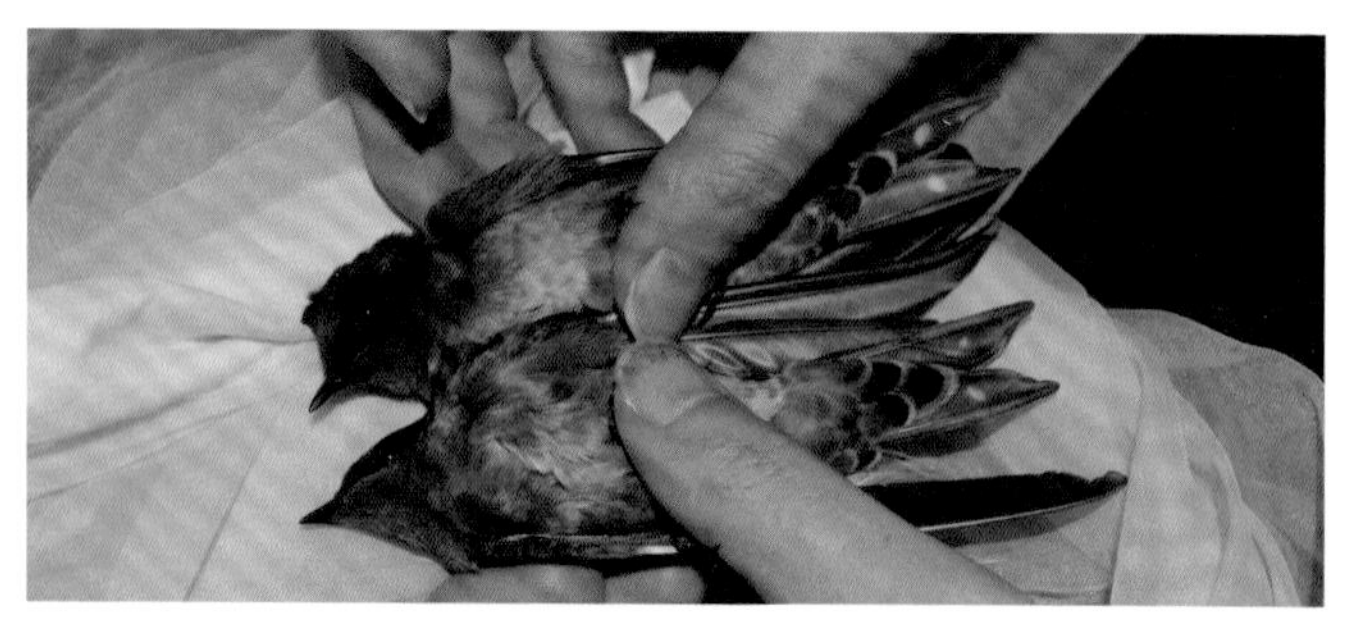

口絵41 リュウキュウツバメを腹側から見たところ。羽毛は黒っぽい。おそらく上がオス、下がメスだが普通のツバメに比べると雌雄差がはっきりしない。第5章202頁参照。

口絵42　ショウドウツバメ（左）と顔のアップ（右）。日本で繁殖する他4種と違って、背中が灰色。第6章239頁参照。

口絵43　ショウドウツバメを下から見たところ（左）と尾羽のアップ（右）。若干外側の尾羽が内側の尾羽より長いが、燕尾と言えるほどの違いはない。第3章93頁参照。

口絵44　ショウドウツバメ（左）とツバメ（右）。ショウドウツバメは普通のツバメより体が少し小さい。第5章198頁参照。

口絵45　ツバメが街中に進出できたのは、泥で巣を作れるためかもしれない。
第6章237頁参照。

口絵46　泥で巣を作ることで、何もない壁にも巣を作って繁殖することができる。
第6章237頁参照。

はじめに

『山月記』をご存じでしょうか。中島敦さんによって書かれた小説で、今で言う「偏屈を拗らせた」男が気づけばトラ（虎）になってしまい、トラとして生きていくことになる話です。国語の教科書にもたびたび登場しているので何となく覚えている方も多いと思います。私はこの話を読むたび、ヒトがトラになって生きていけるのかどうか、気になってしまって仕方がありませんでした。トラとヒトでは視覚システムも違えば、食べ物の嗜好や生活習慣、社会生活など、全てが変わってしまうはずです。今までヒトとしてのほほんと生きてきた男がある日突然トラになって、平然と暮らしていけるものなのでしょうか。

現実問題として他の動物に変身してしまうことは（おそらく）ないので、普段は動物がどのように生きているかなど気にかけないかもしれません。実際、動物について語る時でさえ、彼らの「主観的な」世界を排除して、ただただ客観的に形容することが多いように思います。前述のトラで言えば、アジア域に低密度で分布するネコ科最大の肉食獣と説明すれば、だいたいどんな動物なのかイメージできます。その気になれば年間生存率や産仔数など、情報をどんどん積み上げていくことも可能です。でも、こうした客観的な情報をいくら重ねても、相手の生き方を理解するには至らないと個人的には思います。

本書は身近な渡り鳥であるツバメについて、彼ら自身の生き方を紹介することを目的としています。彼らがどういう風に世界を見て、感じ取っているか、同種や他種の生物とはどのように関わっているか、なにより、私たちには想像もつかない「渡り鳥」としての生き方がどういうものなのか、ツバメにとっての世界を科学的に扱っていきます。(ツバメとして生きることになる)ギリシャ神話の王女プロクネではないですが、ツバメに変身するつもりで、彼ら自身が味わっている世界を楽しんでいただけましたら幸いです。

本書を執筆するにあたっては、たくさんの方にお世話になりました。客観的なツバメ像を扱った前著『ツバメのひみつ』と同じく、監修の森本元博士、緑書房の秋元理さんの助けがなければ、本書刊行には決して至りませんでした。本書においては、新たに同社の森光延子さんにも大いに助けられました。Lisha L Berzins博士、日本鳥学会、佐藤雪太教授、中村雅彦教授、北村俊平先生、佐々木那由太博士、水野佳緒里博士、宮城県水産技術総合センターには貴重な図や写真を快くお貸しいただきました。また、Elizabeth A Gow博士には貴重な情報をいただきました。ここに厚く御礼申し上げます。

私自身、ツバメの生き方を理解したいと長年研究を続けてきました。今日まで研究を続け、本書の出版に漕ぎ着けることができたのは新潟県上越市、石川県鶴来町、神奈川県横須賀市周辺、宮崎県宮崎市、鹿児島県奄美大島の調査地の皆様にご協力いただいたおかげです。改めて深く感謝いたします。全容解明にはまだ程遠い状況ですが、本書を通じて、これまでに得た知識と経験を共有できましたら幸いです。

2021年4月

長谷川 克

目次

第1章

ツバメが聴いている音

ツバメにとっての世界

相手のことをよく知りたいなら、相手の世界観や周囲との関わり方を見るのが手っ取り早い方法かもしれません（**図1－1**）。新しく知り合った友人、あるいは古くからの知人でも、ふとした拍子に「そんな風に世の中を見ているのか」と驚き、相手の印象が一変することもあります。ヒト同士ですらそのような具合ですので、ヒト以外の動物に自分と同じ世界観を期待する方が無理というものです。本章と続く第2章では、ツバメを含む鳥類とヒトで世界の捉え方を比べ、そうした世界観がツバメに見られることがどういった意味をもつか、簡単に紹介していきたいと思います。

第3章以降はツバメがどのように周りの生物環境と関わっているか、特に他種生物との関わり（第3章）、同種生物が織りなす「社会」との関わり（第4章）について扱っていきます。会ったこともない歌手や俳優でも、テレビやYouTubeなどで周りとの関わり方を見れば、人となりが分かります。それと同じで、ツバメが周りの生物とどのよ

図1-1　メスの隣でさえずるオスのツバメ（右）。彼らの自身の世界観を理解しなければ、彼らの立ち居振る舞いは理解できない。

うに関わっているかを知ることで、ツバメ自身についての理解も自然と深まることになります。

こうした周囲との関わり方から分かるツバメ像は、図鑑などに記されているツバメ像、たとえば、平均寿命や繁殖の仕方、子どもの数といった情報とはまた違ったものです。ヒト以外の生物に対しては図鑑などから得られる「客観的」な情報だけで満足しがちですが、友人や著名人の世界観を理解してその社会生活を尊重したいと思うのと同じように、他の生物でも相手の世界観や周りとの関わり方を知ることで相手を深く理解し、尊重することにつながるような気がします。客観的なツバメ像は巻末付録で簡単に紹介する程度にとどめて、本文ではツバメ自身が外界とどう関わっているか、いわばツバメ「主観的」な世界に迫っていきます。

なお、定住性の普通の生き物であれば、周りの生物環境、あるいは気候条件などの無生物環境もそうそう変わらないのですが、ツバメのような渡り鳥は繰り返し越冬地と繁殖地という2つの異なる地域を行き来することになるので、さらされる環境が倍増します（図1-2）。イメージが湧きにくいかもしれませんが、半年間の海外留学を一生続けるようなものなの

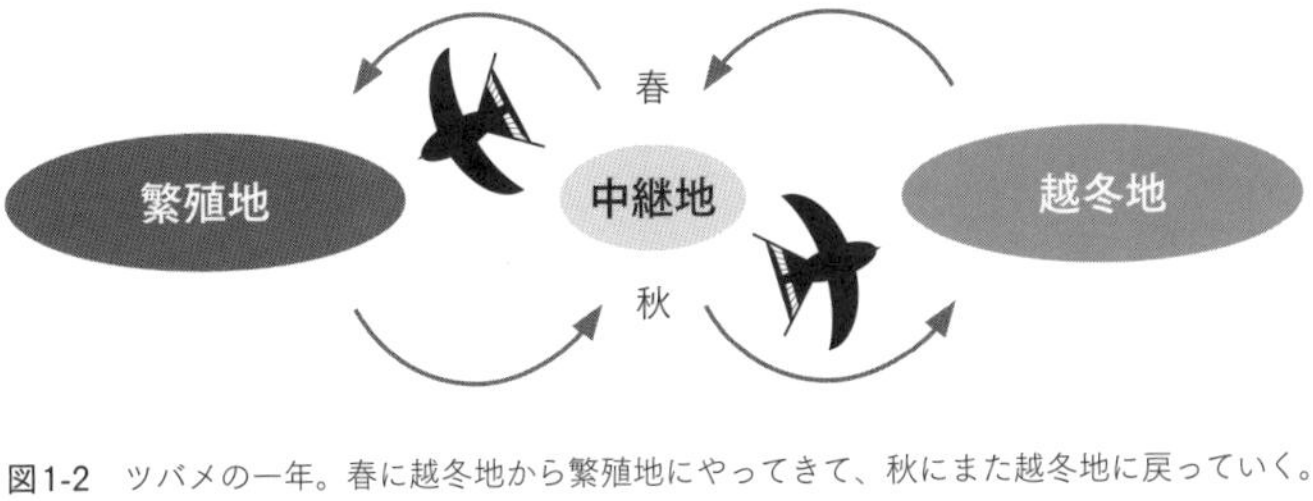

春
繁殖地
中継地
越冬地
秋

図1-2 ツバメの一年。春に越冬地から繁殖地にやってきて、秋にまた越冬地に戻っていく。

で、なんとなく大変さが想像できると思います。現代人なら目的地まで航空機で一飛びですが、ツバメはいろいろな中継地を経て目的地に到達することになるので、そうした中継地の環境も経験することになります。もちろん、機内でくつろいでいればいい私たちと違って、ツバメは自分で目的地を目指さないといけません。こういった特性が具体的にどういう意味をもつのかについて第5章で扱った後、第6章で全体を総括してツバメが一体どういった世界を生きているのか、明かしていきたいと思います。

「五感」では足りない

さて、まずはツバメがこの世界をどのように捉えているか、ツバメにとっての環境世界を扱っていきます。「五感を研ぎ澄ませる」という表現があることからも分かるように、ヒトでは視覚、聴覚、触覚、味覚、嗅覚の五感で外界を知覚します。さすがにウニやバッタといった無脊椎動物は全然違う感覚をもつとしても、ツバメはヒトと同じく脊椎動物なので、私たちとだいたい同じような感覚をもっているはずだと予想される方も多いことでしょう。外見的にもそこまで特異な感覚をもっているようには見えません。ですが、実際のところ、鳥とヒトでは各感覚の詳細はもちろん、感覚の数すら違うことが分かっています。ツバメを含む多くの鳥類には、「五感」以外に、第六感として地磁気を感知する能力があるためです（**図1-3**）。

この磁力を感知する器官は右目の網膜上にあると言われており、この感覚は渡りをする際に目的地のナビゲーションに使われると考えられています。磁力感知器官が網膜上にあるために視覚的に磁場を捉えているのではないかという話もあり、現代では嫌われがちなブルーライト存在下でその能力を発揮するとも言われています。両目から得られる視覚情報とは別に片目から新たな情報を得るシステムというのは、漫画『ドラゴンボール』で相手の戦闘力を測定する器具（スカウター）を彷彿とさせますが、そうすることで両者の情報が混ざるのを防いでいるのかもしれません。

「第六感」という言葉から、いわゆる「勘」のような捉え所のないあやふやな感覚をイメージされる方も多いと思います。しかし、

図1-3　磁石を使って磁場を操作すると、もともとの地磁気の方角ではなく、変更後の磁場に応じた方向にツバメは渡りの方角を変える。Giunchi & Baldaccini (2004) Behav Ecol Sociobiolをもとに作成。

映画『シックス・センス』で主人公の少年が他人には見えない存在（霊）をくっきり知覚しているのと同じで、ツバメからすれば、周りの磁場を感知することなどごく当たり前の日常に過ぎず、知覚できないヒトのような生物の方がむしろ理解できないぐらいでしょう。逆に言えば、相手の「当たり前」の感覚を知ることが、相手の世界やその生き方を知る第一歩とも言えます。相手の世界が分かれば、霊が見える少年の一見意味不明で不気味な言動もきちんとした筋が通ったものだと分かるのと同じです。

その他の五感についてもツバメとヒトではずいぶんと勝手が違っていて、そもそもの進化的な起源すら異なるもの、つまり哺乳類と鳥類で収斂（しゅうれん）進化*したものもあります。たとえば、音を伝える耳の鼓膜は鳥類と哺乳類でその起源が違っていて、哺乳類の鼓膜は下顎から、鳥類の鼓膜は上顎から生じるとされています（**図1-4**）。現在の感覚器官は、その生物にとって有用であるからこそ進化し、維持されているのですが、この例のように、同じような機能をもつからといって同じ起源をもつとは限りません。逆に起源は同じでも、各機能は生物ごとに調整されて元とは大きく違ったものになっていることもあります（専門用語で「分岐進化」と言います）。

＊収斂進化　鳥の翼と昆虫の羽など、進化的な歴史の異なる生物が独立してよく似た特徴を進化させること。分岐進化は逆に、歴史を共有してきた生物が共通の特徴から全く違う特徴を進化させることで、鳥類では適応放散でのくちばしの分化が有名（第3章参照）。

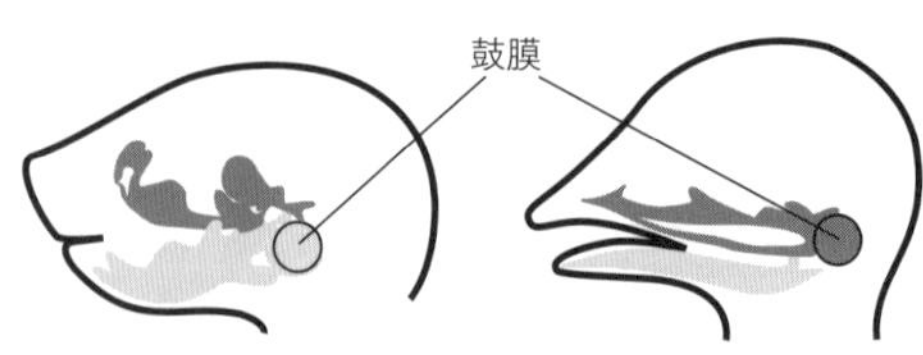

図1-4　哺乳類（左）と鳥類（右）では鼓膜の起源が異なり、哺乳類は下顎（薄い灰色）から、鳥類は上顎（濃い灰色）から鼓膜が生じる。理化学研究所プレスリリース（2015年4月22日）をもとに作成。カラー版は口絵7参照。

こうしたことを踏まえると、大枠での感覚、たとえば聴覚1つとっても、具体的な特徴が一致する方が難しい気がしてきます。さすがに1つ1つ詳細に説明していってはキリがないので、本章では聴覚についてざっくりと紹介し、次章で視覚について見ていきたいと思います。

「五感」の残り3つの感覚である、嗅覚、味覚、触覚について軽んじるつもりはないのですが、これらはじっくり取り上げられるほど理解が進んでいないのが実情です。これらの感覚は光や音といった分かりやすい刺激ではなく、化学物質特異的な受容体が存在したり（嗅覚、味覚）、圧力や温度、切り傷など複数の刺激の受容体の総称（触覚）だったりして、なかなか捉えづらく、研究が進みづらいのです。（最も研究されているはずの）ヒトですら、基本味覚の1つである「うまみ」が発見されたのは20世紀になってからですので、鳥類で研究が進まないのも仕方ないことかもしれません。これらの感覚も実際に鳥類が活用しているという話があり、（ペンギン以外の）鳥類はうまみを感じ取れるという話や、ツバメの仲間には親を匂いで識別できるものがいるとする興味深い研究もあるのですが、聴覚や視覚と同程度の知識が得られるのはもう少し先になりそうです（図1－5）。

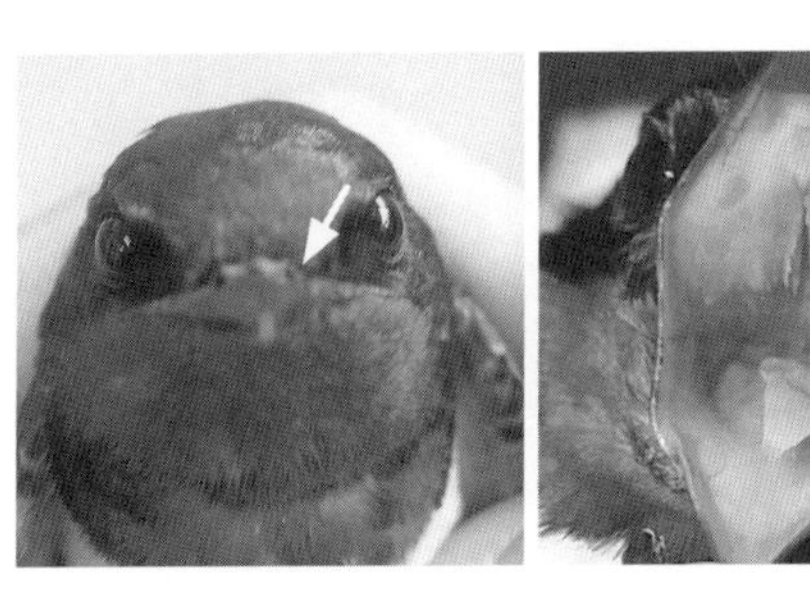

図1-5 ツバメの鼻（左）と舌（右）。それぞれ嗅覚と味覚の受容器がある。カラー版は口絵8参照。

ツバメに聴こえない音

では、この章のメインである聴覚の話に移ります（図1－6）。聴覚は平たく言えば、音を感じ取る能力のことです。ツバメを含め、鳥はやたら鳴いて交信している印象があるので「耳もきっとよいはずだ」と期待してしまいがちなのですが、実際に聞こえる音域はヒトとさほど変わらないとされています。むしろ、ヒトよりも聞こえる範囲が若干狭いと考えられていて、小鳥の耳は一般に３００ヘルツから８キロヘルツ程度までしか聞こえないと言われています（図1－7）。

超音波

ヒトは20ヘルツから20キロヘルツまでの範囲の音が聞こえますので、小鳥の可聴域はヒトの可聴域におさまってしまいます。逆に、ヒトの可聴域の一部は小鳥の可聴域からはみ出してしまうことにな

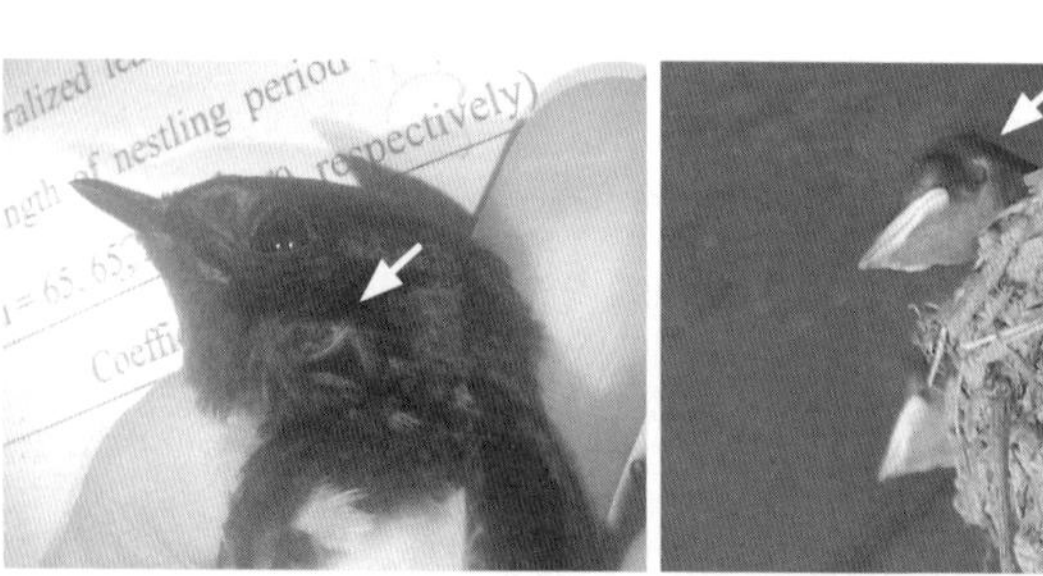

図1-6　ツバメの耳。親の耳（左）は普段は羽毛に隠れていて見えないが、生まれて数日のヒナはまだ丸裸で（右）耳が外からでもよく見える。左の写真は羽毛を押さえて耳が外から見えるようにしている。

るので、ヒトに聞こえてもツバメには聞こえない音というのが出てきます。たとえば、ピアノの音は低い方から高い方までだいたい30ヘルツから4キロヘルツと言われていて、ヒトはもちろんどの鍵盤を叩いても音が聞こえますが、鳥の耳には低い鍵盤の音、たとえば一番左端のラ音そのものは聞こえていない可能性が高いと言えます。おまけに、鳥類の耳には耳小骨が1つしかないので、耳小骨が3つある哺乳類*と違って音を増幅できず、可聴域でも小さな音は聞こえづらいと言われています（図1-8）。

ヒトには普通に聞こえる音が鳥の耳には届かないというのはなんだかシュールですが、ヒトも二十歳を過ぎると高音域が徐々に聞こえなくなるので、私たちも（成人後は）このシュールな現象を体感できます。この領域の音は一般にモスキート音と呼ばれ、インターネット上には実際に自分の耳で聞こえるかどうか簡単にチェックできるウェブサイトもあります。私はすでに15キロヘルツ以上の音は全く聞こえませんが、存在するはずの音が何も知覚できないというのはなかなかにショックです。なんとなく、世の

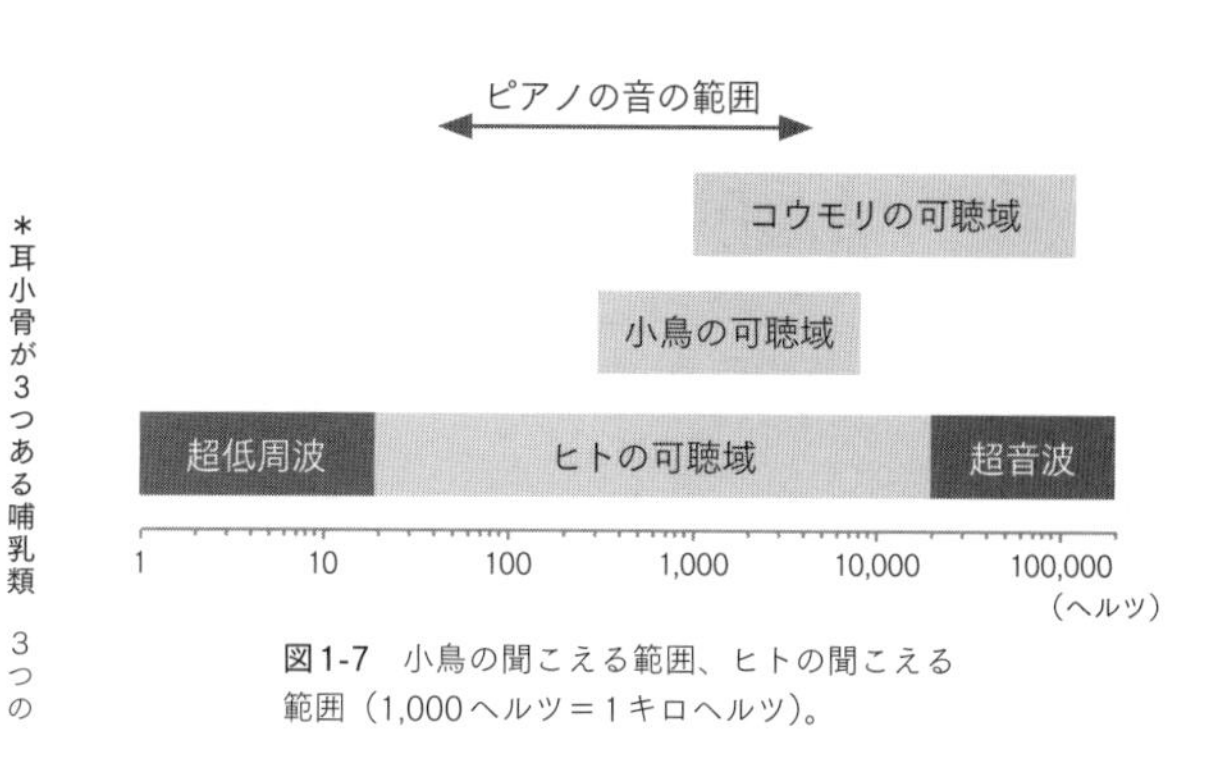

図1-7　小鳥の聞こえる範囲、ヒトの聞こえる範囲（1,000ヘルツ＝1キロヘルツ）。

***耳小骨が3つある哺乳類**　3つの耳小骨がそれぞれ「てこの原理」で小さい音の振動を大きく増幅させていくと考えられている。

中の全てをちゃんと知覚しているように思ってしまいがちなのですが、むしろ自分にとっての世の中が、知らず知らずのうちに知覚できる範囲に制限されてしまっていることに気づかされます。

最近はこのモスキート音を使って、授業中などでも先生にバレずに連絡をとるといったこともあるそうです。私の学生時代は先生が後ろを向いている間にこっそり手紙を渡すといったことがせいぜいでしたが、今は先生がこっちを向いていても、聞き耳を立てていても、秘密の交信を堂々と繰り広げることができるわけです（残念ながら私にはもう聞こえないので、実際にどのように使われているのか確認できません）。

学生同様、ツバメも同じように秘密の会話をしているのではないかと疑いたくなりますが、前述の通り、小鳥の可聴域はヒトの可聴域におさまります。小鳥に聞こえるものはヒトにはだいたい全て聞こえていることになりますので、彼らがヒトに聞こえないような音

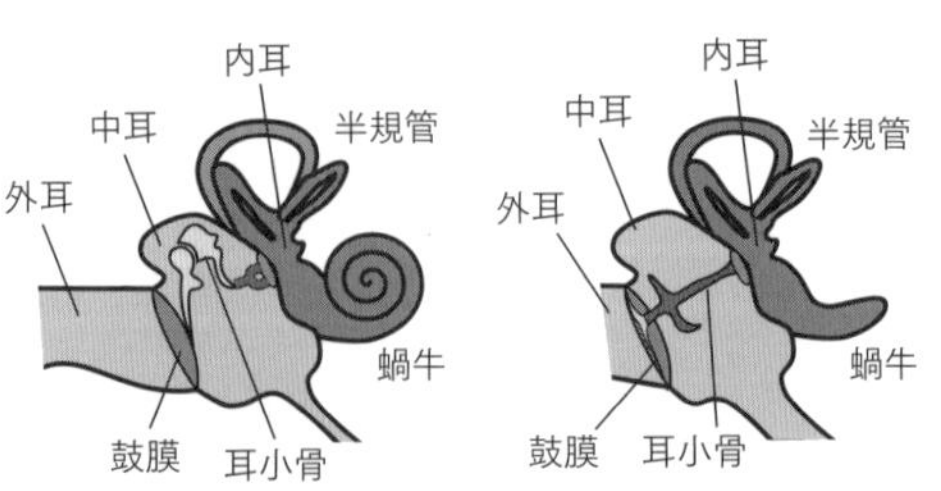

図1-8 ヒト（左）と鳥（右）の耳の構造。鳥は哺乳類のように蝸牛が巻いていない（＝蝸牛が短い）ので聞こえる音域が狭いと言われている。いずれも、外耳から入った空気の振動が鼓膜を震わせ、鼓膜の振動が耳小骨を伝導して内耳に伝えられて、蝸牛部分からは電気信号として脳まで神経を通じて刺激が伝えられる。Tucker（2017）Phil Trans R Soc Bをもとに作成。カラー版は口絵9参照。

で秘密の会話をしている可能性はなさそうです。なお、ヒトの可聴域ですら聞こえないぐらいなので、いわゆる超音波もツバメ（と他の鳥類）には聞こえないと考えられています。同じような空中生活をしていても、ツバメは超音波を活用するコウモリとはずいぶん違った聴覚*をもっていることになります。同じ空間に存在して同じように暮らしていても、ある生物には普通に聞こえる音が、他の生物にとっては全く聞こえない、というのはよく考えると不思議です。

*コウモリとは違った聴覚　鳥類でもアマツバメの仲間にはコウモリのように音波をソナーとして使う鳥がいるが、こうした鳥はいずれも（ヒトに聞こえる）可聴域の音声を使う。

方向「音」痴

さらに、ツバメのように頭が小さい鳥（図1-9）は、音のやってくる方向を捉えるのがあまり得意ではないことも知られています。フクロウのように頭が大きく、両耳が離れていれば、耳に到達する音の大きさや音の到達時間の差を利用して音源方向を特定できるのですが（図1-10）、右耳と左耳の位置が近い小鳥には、これが利用できません（鳥類は右耳と左耳が内部で部分的につながっているので、音波による圧力の違いをうまく

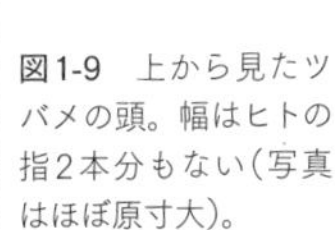

図1-9　上から見たツバメの頭。幅はヒトの指2本分もない（写真はほぼ原寸大）。

検知して方向を把握できるという主張もあるのですが、この説の有効性はまだちゃんと分かっていません）。

実際に鳥の行動を調べると、フクロウの仲間は例外的に音源探知に優れていて、角度としてだいたい3度ぐらいの幅で正確に感知できますが、一般的な小鳥はせいぜい20度ぐらいの幅でしか音の方向を知覚できないようです。このため、音源から10m離れると横幅3mぐらいの範囲のどこかで音がしているぐらいにしか分からなくなってしまいます。漫画『ドラえもん』ではスモールライトを浴びても大きかった時と同様に普通に生活できますが、実際には、ただ頭が小さくなるだけで外界の感知能力がずいぶん低くなってしまうようです。

聴覚に見合った発声

小鳥の音源定位能力の低さに驚いた方もいることでしょう。「これでは、どこで誰が鳴いているかも分からないじゃないか」と思った方もいるかもしれません。この精度ではたとえば求愛のためにオスが自分の巣からメス

図1-10　フクロウ（幼鳥）。目玉1つでもツバメの頭より大きい。

を呼んでも、道路の反対側にいるメスはオスがどこで呼んでいるかよく分からないということになります。当然、メスがあきらめてどこかへ飛び去ってしまえば、求愛は失敗です（図1−11）。

　ここまで聞いて、「そんな聴覚でやっていけるのか」と心配される方もいると思いますが、実際のところ心配は無用です。1回のさえずりで位置が分からなくとも、鳥類は音声を何度も繰り返して使うため、これらの音声を比較することで、音の方向を知ることができます。ツバメもオスが同じ場所で何度も繰り返しさえずりますが、さえずりが繰り返されている間にメスが移動して聞こえ方の変化を感じ取ることで、オスの位置が分かります。これで無事にオスの場所を突き止め、（メスが望めば）次の求愛段階に進むことができます。単にありあまるエネルギーを発散するためにやたらめったら鳴いているように思われがちですが、さえずりが繰り返されること自体が効果的なコミュニケーションにつながっているようです。

　ちなみに、音の受信方法と同様、音の発信方法もまた哺乳類と鳥類で違っていて、それぞれ独立に進化したことが分かっています（図1−12）。哺乳類は喉の声帯を震わせて声を出すのですが、鳥は声帯の代わりに鳴管（めいかん）と

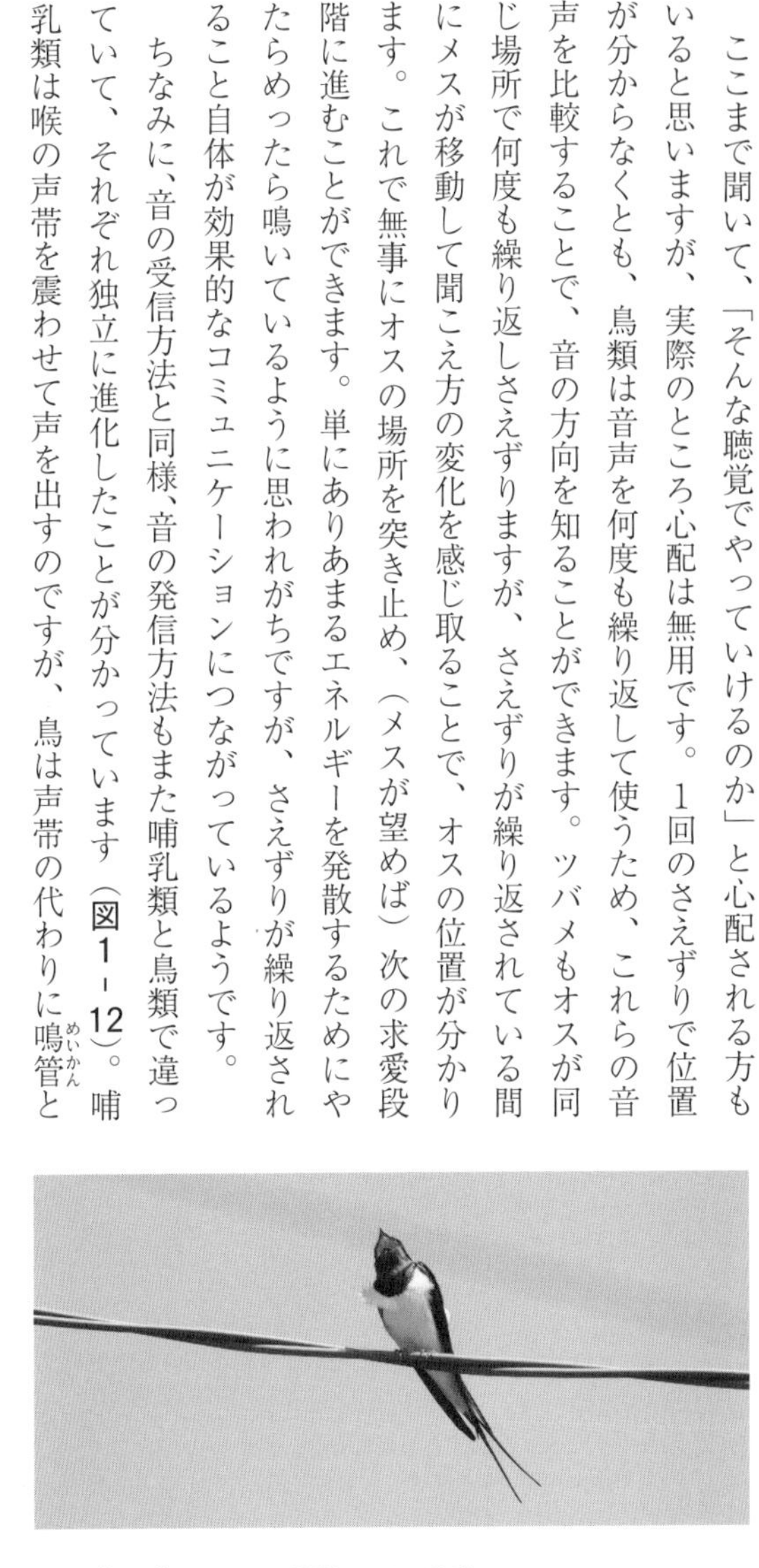

図1-11　電線でひとりでさえずるオスのツバメ。

いう構造を震わせることで声を出しています。どちらも気道を使って音を伝えることに変わりないのですが、声帯と違って鳴管は気管支の付け根（分岐点）にあるので、右と左で違う音を発することもできるようです。小さな鳥でも大きな声が出るのは、鳴管が口から離れたところにあることで効果的に空気を震わせられるためだと言います。体に似合わず大きな声を出せるので、哺乳類より多少耳が遠くとも、そこまで不都合はないのかもしれません。生命感溢れるさえずりは鳴管のおかげとも言えます。

恐竜の声？

２０１６年には白亜紀の鳥類化石からも鳴管が発見されたので、恐竜の時代から鳥は元気よく鳴いていたと考えられています。基本的に爬虫類も耳をもち、音声を聞く能力があることから、ティラノサウルスやトリケラトプスも鳥の声を聞いていた可能性が高いと言えます。ちなみに、恐竜自身には映画『ジュラシック・パー

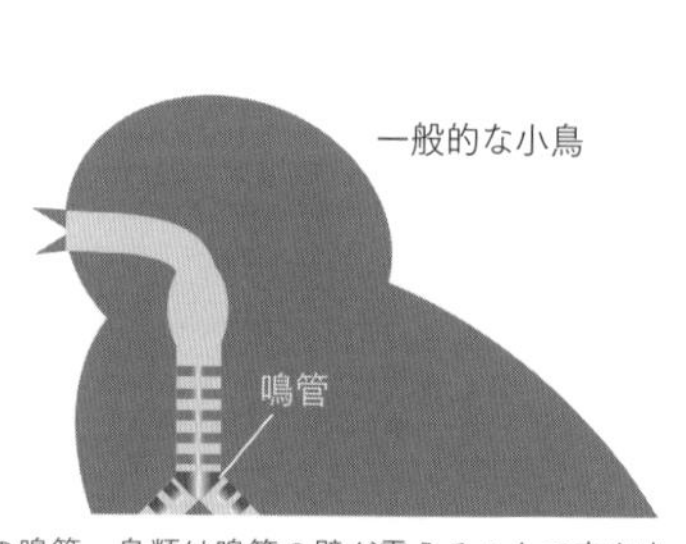

図1-12　ヒトの声帯と一般的な小鳥の鳴管。鳥類は鳴管の壁が震えることで声を出す。厳密に言えばツバメの仲間は鳴管から気管支にかけての構造が他の小鳥とは少し異なるが、ここでは割愛。Kingsley et al (2018) PNASを簡略化して作成。

ク』などで見られるように大口を開けて吠えているようなイメージがありますが、実際どのような声だったのかはよく分かっていません。

パラサウロロフスなど、共鳴器官をもつ恐竜もいるので（図1-13）、彼らも何がしかの声は発していたようなのですが、『ジュラシック・パーク』の吠え声はトラなどの哺乳類の声から恐ろしげに聞こえるように合成したものであり、実際は吠えるどころか、口を閉じて「クー」といった声を出すぐらいだったとする説もあります。恐竜にも鳥のような鳴管があった可能性もありますが、先述の鳴管のように運よく化石が発見されない限り、明快な答えを知るのは難しそうです。化石として残りやすい骨などの硬い組織ですら、現代に残る確率は10億分の1とも言われているので、鳴管のようなやわらかい組織が発見されるなど、それこそ奇跡を願う他ないということになります。

聴覚が優れる≠耳がよい

ここまで、ツバメを含む鳥類の聴覚について、耳の構造なども踏ま

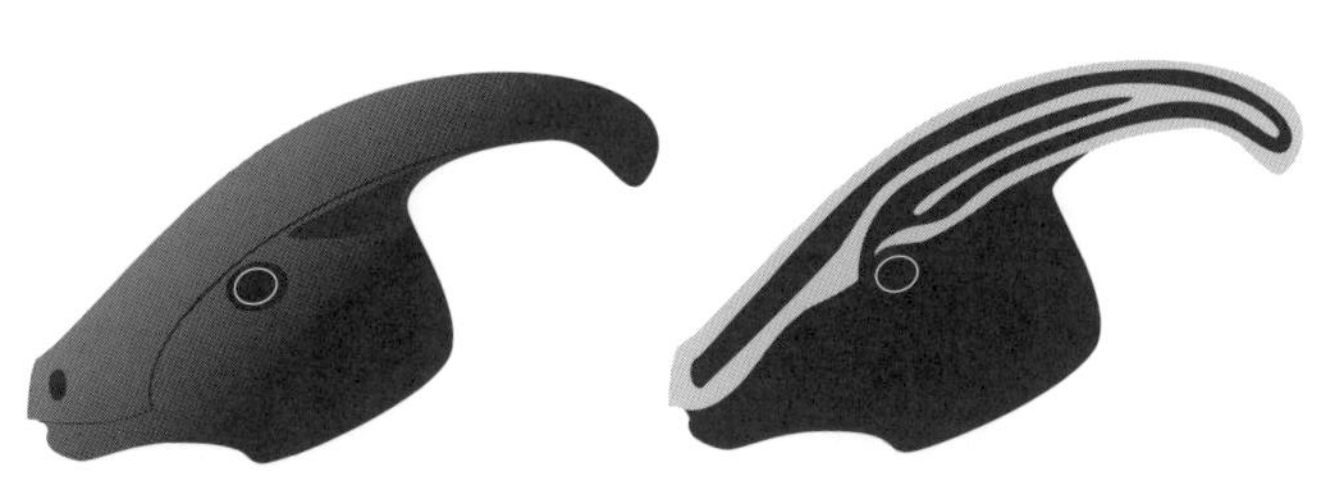

図1-13　図1-14 パラサウロロフスの顔の外見（左）と頭骨の共鳴器官断面図（右）。サンディア国立研究所の復元図を簡略化して作成。出典：https://www.sandia.gov/media/dinosaur.htm

えて説明してきたので、聴覚と耳（より厳密には音を受容する感覚器）をほぼ同じものだとお考えになるかもしれません。慣用句としても、「耳にする」、「耳がよい」、「耳が遠い」などの表現が使われるので、そう考えるのも無理はありません。私もつい慣用表現を使ってしまうので耳が痛いところではありますが、実際には音は感覚器から電気刺激に変えられて神経に乗り、脳まで達して情報処理されて初めて知覚されます。そのため、優れた聴覚をもつには耳だけでなく、感覚を伝達する神経や脳による信号解釈がうまく行われる必要があります。

たとえば、音源を定位する際、方向は前述の通りの方法で把握できることを記しましたが、音源までどれくらいの距離があるかを把握するには耳による受容だけでなく、脳による情報処理が必要です。もともとの音声の大きさを知っていれば、その場で聞こえた音の大きさと比較することで距離が分かることになります。ちょっと難しそうに聞こえると思いますが、実際には私たちも普段からやっていることです。人の声が聞こえた時、その音量や聞こえ方から、だいたいどれくらい遠くからの声なのかなんとなく分かります（その判断を誤って、思ったより近くに声の主がいてびっくりすることもあります）。

ツバメの空耳

聴覚が脳の作用を受けるのは、距離の判断に限った話ではありません。これもまた、日常の経験からも明らかだと思います。集中している時に名前を呼ばれても気づかなかったり、逆に、呼ばれてもないのに空耳が聞こえて返事をしてしまい、恥ずかしく感じたりした経験のある方も多いことでしょう。こうしたことは脳が聴覚自体に影響することを教えてくれますが、同様のことは脳が大きく発達したヒトに限らず、ツバメを含む鳥類でもよくあることのようです。

たとえば、ツバメのメスは、ヒナにとてもよく似た声を出すオスに惹きつけられますが（図1-14）、これはメスがヒナとオスの声を間違える、いわば空耳するためだと考えられます（ツバメが間違いに気づいた時に恥ずかしい思いをしているかどうかまでは分かりません）。こうした異性の感覚を利用した「感覚トラップ」と呼ばれる行動はいろいろな生き物で報

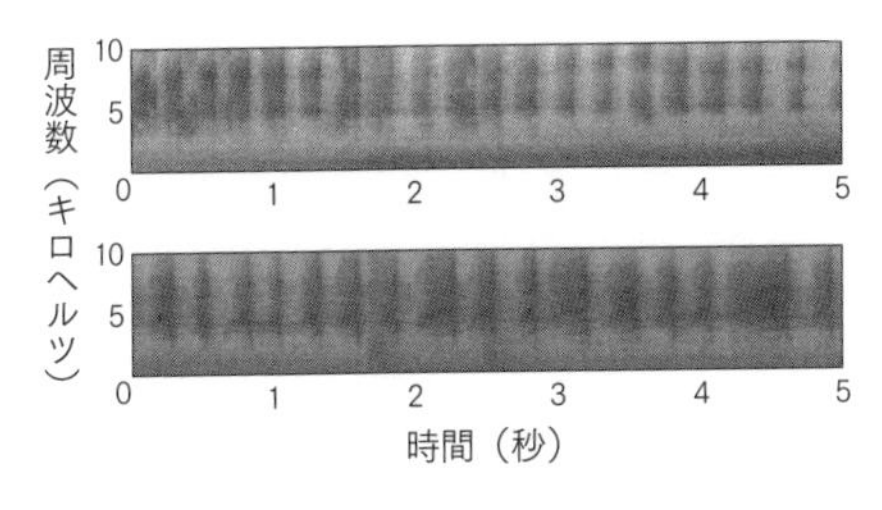

図1-14　ツバメのヒナの声（上）とヒナによく似たオスの求愛声（下）。Hasegawa et al (2013) Anim Behav より。

告されていて、哺乳類や鳥類どころか、脳が針の先ほどしかない昆虫やダニの仲間にも知られています。たとえば、夜間に飛翔するガ（蛾）の仲間には、コウモリの超音波を察知するとぽとりと落ちて捕食をかわす切れ者がいますが、なかにはこの性質を利用して、オスがコウモリとよく似た超音波を発することでメスを騙し、メスがその場に落ちた隙に交尾してしまうものもいると報告されています。

通常、感覚トラップというのは異性の感覚的なバイアスを利用した（オスによる）求愛のことを指すのですが、こういった感覚をもつのはメスに限らないように思えます。特に、ツバメの仲間は一夫一妻でオスとメスが協力してヒナを育てるので、オスにもメスと同じようなバイアスが期待できます。そこで最近、私たちはオスにこのヒナに似た声を聞かせてみたのですが、意外なことにオスはこうした音声にほとんど反応しませんでした。メスは反応するのにオスは反応しないとは不思議に思えますが、実際のところは雌雄それぞれにとって、ヒナの声の重要性が違い、反応に差が出るようです。

メスとしては、ヒナの声は子育ての際に欠かせないもので優先順位が高いのですが、オスとしては、ライバルのオスのさえずりを察知して排除するのが優先で、ヒナの声自体にはさして興味がないのかもしれません。オスとしては、いちいち無害なヒナの声に反応するのは得策ではないので、そうした音声は聞き流すという性質を獲得してしまったのでしょう。耳に入っていても聞こえない、少なくともなんの反応も見せないということは私たちも常日頃経験していることです。興味のない音は鼓膜を震わせても音として感知されないのです。小さなお子さんのいるご家庭では、子どもに「何の音?」と聞かれても、そもそもの雑音を聞き流しているために答えられなかったという方もいることでしょう。

なお、ツバメのオスもヒナに餌をあげる育雛（いくすう）期が近づくと、ヒナの声、あるいはライバルオスのヒナ風の声にもちゃんと反応するようになります。普段赤ん坊の声などに興味のない男の人でも、自分の奥さんが出産間近になると赤ん坊の声やよく似た音につい反応してしまうのと似ています。

ささやかなささやき？

ツバメ以外の鳥では、意中のメスだけに音声を届け、周りのオスには邪魔されないようにするため、ささやき声で求愛する鳥もいて、日本ではウグイスが有名な例として知られています（図1－15、普段よく聞く「ホーホケキョ」を至近距離でメスにささやきます）。物理的に声が届かなければ、ライバルにも邪魔されようがありませんので、相手の耳の特性を利用した見事な戦略と言えます。ただ、この場合、至近距離でないと意中のメスにまで声が届かなくなってしまうのが難点です。ツバメのヒナに似た求愛声は聴覚システム全体を利用することで、耳には届いていてもライバルのオスは寄せつけずにメスだけ惹きつける、画期的な方法なのではないかと考えています。

いずれにしても、鳥類も（他の生物も）単に可聴域や感度に合った音声を使うだけでなく、脳が認識するまでの聴覚全体に見合った音声を使用し、ときには自分の都合のよいように相手を誘導しているということになります。ここでは自分の求愛を成功させやすくするという文脈での紹介でした

図1-15　ウグイス。
写真©中村雅彦

が、他の文脈、たとえばライバルを邪魔する時にもツバメは同様のテクニックを使うことが知られています。ツバメでは「ツピーツピー」という警戒声を聞くと捕食者をイメージして飛び去ってしまう性質があるので（図1-16）、これを利用して（捕食者もいないのに）警戒声を出して近所で求愛中のオスを妨害*します。まるでイソップ童話の『オオカミ少年』ですが、飼っているヒツジがオオカミに食われるぐらいならともかく、自分自身や子どもを食べる捕食者が迫っているかもしれないのなら、嘘が混じっていたとしてもそのつど反応せざるをえないのでしょう。先に挙げたガの例にもちょっと似ています。

感覚と環境

本章では、ツバメの感覚世界、特に聴覚に着目して記してきました。同じ空間に存在していても、音を伝える耳の特性や、それを処理する脳によって、どういった音を知覚するのかが変わってくるという話です。逆に、音声を発する側としては、相手の聴覚の特性に合った音声を使っていること

*求愛中のオスを妨害　同様に、アフリカには他の鳥の警戒声を真似て餌を横取りする巧妙な鳥もいる。

図1-16　警戒声を聞いて急いで飛び出すツバメ。

も紹介しました。実際のところ、どういう風に音が聞こえているのかは想像するしかない部分もありますが、それでも音声の使用方法や音声を聞いた時の反応を見ることで、相手がどういう世界に生きているのか、なんとなく分かってきます。少なくとも、ツバメがヒトとはかなり違った聴覚世界に生きていることは確かです。

本章ではいわば「感覚ありき」で紹介しましたが、実際には感覚自体も周囲の環境によって積極的に変わります。最近では鳥類の聴覚もかつて考えられていたほど保守的なものではなく、積極的に変わるものだということが分かってきていて、ハチドリの一種が超音波を聞き取っている可能性や、クジャクのオスがライバルの求愛行動中に発せられる低周波（20ヘルツ未満）に反応する*ことなど、これまでの常識を打ち破る報告もどんどん発表されてきています。こうしたことを踏まえると、聴覚もそれぞれの生活環境に合わせて柔軟に進化し、それに合わせて情報伝達の仕方も変わっているはずだと考えるのももっともに思えます。実際、こうした感覚が主導する情報伝達の進化は「センサリードライブ」というカッコいい名前で知られていて、鳥の音声でも当てはまる例が報告されています。

＊低周波に反応　哺乳類でもたとえばゾウが足の裏から超低周波を感じ取っているという話が知られている。２００４年にスマトラ沖地震で津波があった際にも超低周波であらかじめ察知して避難したと報告されている。

残念ながら超音波の話も低周波の話もどれくらい一般的な現象なのかはまだよく分かっておらず、聴覚自体の進化も情報不足なところが大きいので、ツバメの聴覚や他種との違い、また彼ら自身の歌*の意味が分かるのにも、もう少し時間がかかりそうです（図1-17）。次章では、より多くの情報が得られている「視覚」について彼ら自身の生き方との関係も含めて着目したいと思います。

***彼ら自身の歌**　音楽絡みで言えば、協和音と不協和音を鳥がどのように感じているかも気になる話題だが、今のところあまり研究は進んでいない。

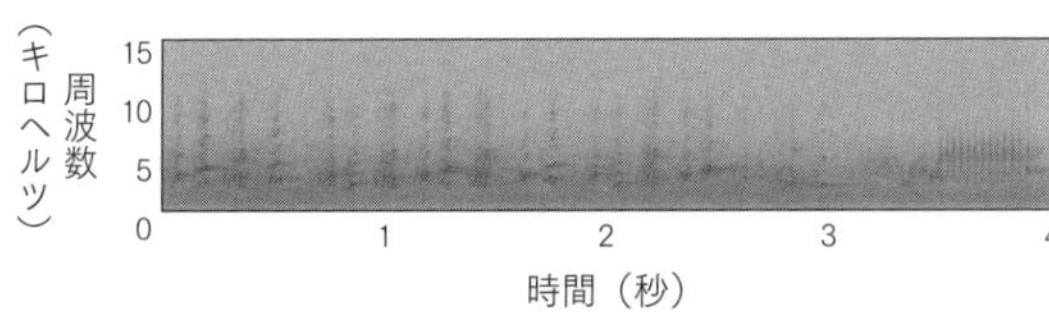

図1-17　ツバメのさえずりのソナグラム。1回だけ鳴くのではなく、繰り返し鳴くことが多い。

第2章

ツバメは何色？

多様な視覚

視覚は目に飛び込んでくる光を感じ取る能力ですが、とても多様な感覚でもあります（図２－１）。ひとくちに視覚が優れていると言っても、遠くまでくっきり見えるのか、暗いところでも見えるのか、視野が広いのか、動体視力が高いのか、色鮮やかに見えるのか、などいろいろです。「ツバメは目がいいのか」という質問は単純ですが奥深い質問で、私自身、どの側面についての問いか分からないまま答えてしまって、微妙な空気をかもし出してしまったこともあります。

もちろん、全ての面で最高の視覚をもてれば理想的ですが、理想はあくまで理想です。ある一面を重視すると、必然的に別の面が損なわれてしまう「トレードオフ」という関係があるため、実際には自分たちにとって大事な側面を優先して、そうでもない側面は多少損なわれても目をつぶることになります。トレードオフは聞き慣れない言葉だと思いますが、私たちの日常生活でも知らず知らずのうちに対処している問題です。身近な例としては、お弁当作りを想像してもらうと分かりやすいと思います。

図2-1　ツバメの顔のアップ。

おいしいお弁当を用意しようと思うと、それなりに工夫が必要です。欲張っておかずをたくさん詰めるとご飯のスペースがなくなりますし、逆にご飯をたくさん詰めればおかずが入らなくなります。おかずのなかでも肉を優先するのか、魚か、野菜か、といった繊細な問題も出てきます。「だったら大きな弁当箱を買えばいいのに」と言われそうですが、そもそもの食べられる量に限りがあるので、どうしてもトレードオフから逃れられず、ベストな組み合わせを探っていくことになります。

視覚も同じです。単純に全ての視覚要素を詰め込めばそれでよいと思うかもしれませんが、目の限られたスペースに全部はちょっと入らないので、各側面の優先順位に応じてうまくやりくりする必要があります。「暗所に特化した視覚」にするか、「明るいところで鮮明に見える視覚」にするか、あるいは「どんな状況でも満遍(まんべん)なくほどほどに使える視覚」にするかなど、どういった組み合わせがよいかはその生物の生き方によって変わってきます。たとえば、夜行性のフクロウは視覚が暗所に特化していて、明るい光の下でものを見るのに適していない、という話をご存じの方もいると思います。

本章では、そうしたトレードオフやある種の制約があることを念頭に置きながら、鳥類、特にツバメの視覚そのものと、そうした視覚をもつ意味について紹介していきます。

ツバメの目

まずは目の構造から見ていきます。私たち自身の目の構造と機能はよく分かっているので、ツバメの目をヒトの目と比べることで自然と違いが見えてきます。ハムラビ法典では「目には目を」という有名な言葉で同等の仕打ちを許していますが、同じ目という器官でもツバメの目と人の目は構造も機能もかなり違っていて、とても同等とは思えないぐらいです。視細胞が並んで光を受け取ることで有名な「網膜」ですら、ずいぶん様子が違います。

実際の網膜の様子（**図2-2**、**図2-3**）を見ると、鳥の網膜にはウネウネした寄生虫のようなものがあるのに気づくと思います。これはペクテンと呼ばれる構造で、鳥類はこれがあることで目に栄養を届

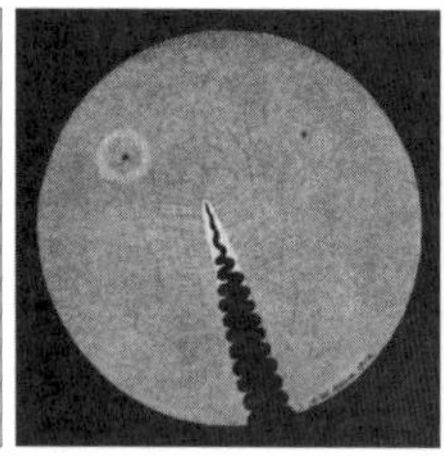

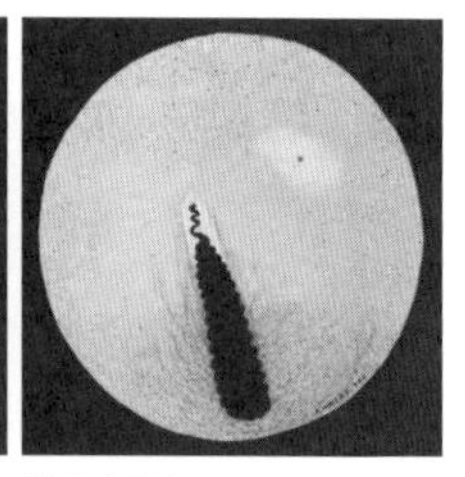

図2-2　ヒト（左）とツバメ（中）、ワタリガラス（右）の網膜の様子を瞳孔からのぞいて見たところ。鳥類の目には、ヒトの目にはないウネウネしたペクテンという特殊な構造がある。黒い点がフォビア。いずれもWood (1917) The fundus oculi of birdsより。

けることができると言われています。ヒト（哺乳類）にはこの構造がなく、その代わりに網膜上を血管があちこち走ることで栄養を届けています。哺乳類の栄養供給システムの方が簡単な仕組みに見えますが、これだと一度血管を透過した光が視細胞に届くことになり、鮮明な映像受信を妨げてしまいます。すっかり自分の視界に慣れきっているので普段は気づきませんが、自分で自分に煙幕を張っているようなものです。

鳥類ではこのウネウネ（ペクテン）のおかげで血管による悪影響を減らしてクリアな視界が実現できるのですが、その代わりウネウネの上に届いた光は視細胞に当たらず、その部分のものが見えないという別の問題が生じてしまいます。いくぶん不鮮明とはいえ哺乳類は盲点以外ちゃんと見えるのですが、鳥は盲点以外に全く見えない領域ができてしまうということになります。「栄養が届けばそれでええよ」（ダジャレです）と言いたいところですが、哺乳類の目も、鳥の目も、栄養を届けるために、それぞれ違った問題を抱えてしまっているわけです。

こうした問題を解決するには、このシステムを根本から変えなければなりませんが、そうした進化は大変過ぎてなかなか起こりません。結果とし

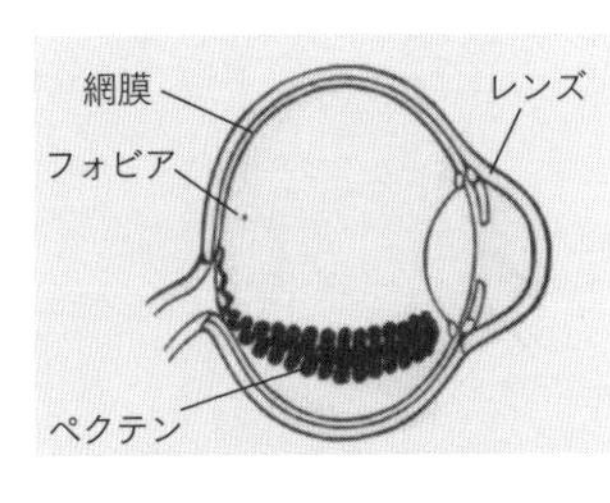

図2-3　ツバメの目の簡潔な断面図。この図の範囲にはフォビアは１つしか示されていない。ペクテンの形や位置を記す図なので、この模式図では眼球自体の形はそこまで正確でないことに注意。Wood（1917）The fundus oculi of birdsの図を日本語に修正。

て、鳥は鳥の、哺乳類は哺乳類の栄養供給システムを使い続けることになります。

ツバメの目はどっち向き?

ツバメの網膜の図（**図2－2**）を見た時に、上の方に黒い点が2つあることに気づいた方もいることでしょう。印刷上の汚れかと思って無視した方もいると思いますが、これはフォビア（窩）と呼ばれるくぼみで、これによって解像度を高め、いくぶん画像を拡大し、さらに動きを検知しやすくしていると言われています（**図2－4**）。小さな構造ですが、なかなかすごいものです。ヒトにもこれに相当する中心窩というくぼみがあるのでものがくっきり見えますが、くぼみは浅く、鳥のフォビアほど高性能ではないようです。

ツバメの仲間にはこのくぼみが片目で2つ、両目合わせると4つあるので、くっきり、大きく、動きが見やすい範囲が視野に4カ所あることになります（**図2－5**）。ヒトでは両目の中心窩が捉える範囲は視野の中央1

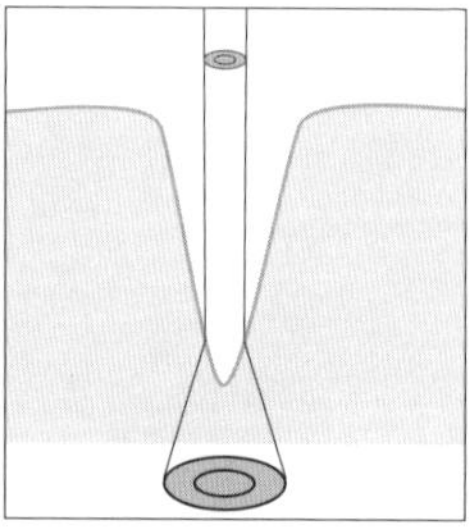

図2-4　鳥類のフォビアの断面図。光の屈折により、物体（ここでは二重丸で示す）が拡大されて見えるという。図はBringmann (2019) Anat Histol Embryolをもとに作成。

カ所に重なることになるので、ツバメとヒトでは全然違う見え方をしているると言えます。4つのくぼみはすばやく逃げ回る餌を確実に視野に捉えるのに役立つとされ、同じように空中採餌に特化したタカやハヤブサにも見られる特徴です。鳥の仲間でも、こうした生活をしないものはくぼみが1つだったり、全くなかったり、タカの仲間でも空中で採餌せずに屍肉をあさるコンドルなどではくぼみが1つしかないという報告もあります。シンプルな構造だけに、進化的にはわりと柔軟に変えられる特徴のようです。

なお、ツバメの仲間は、右目と左目の視野が重なるいわゆる両眼視の範囲が他の小鳥より狭いことも分かっています（図2-6）。タカやハヤブサも同じ特徴があるので、広い両眼視範囲より独特の視界で餌を確実に捕捉することが大事なようです。

「なるほど」と思う方もいれば、両眼視範囲が狭いという話になんとなく違和感を覚えた方もいるのではないでしょうか。ツバメもタカも、もっと目が前を向いていて、両眼視を活かして狩りをしている印象をもたれがちなのは、私も承知しています。極端

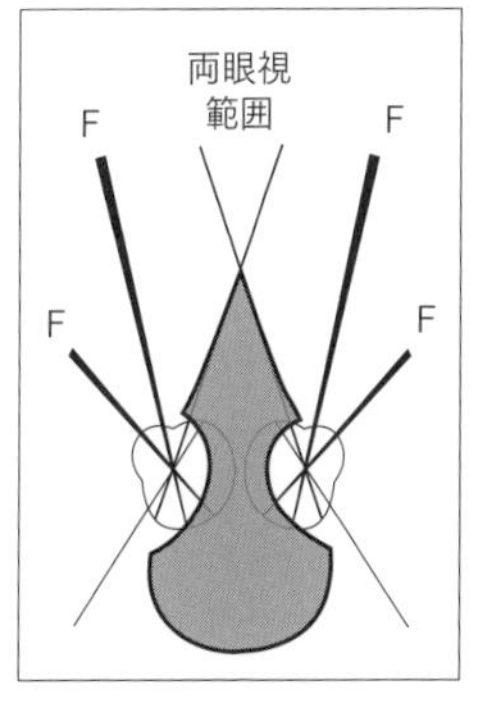

図2-5　ツバメの仲間のフォビアの配置。Fと示した直線上にある物体がフォビアで拡大されて見える。ツバメの仲間の目はイメージするほど前向きに付いていない（頭を上から見た図、図2-1も参照）。図はTyrrell & Fernández-Juricic (2017) Am Natを改変。

な話、プロ野球チーム「東京ヤクルトスワローズ」のマスコットキャラクター、つば九郎のように、目が完全に正面を向いているような気さえします。しかし、残念ながらこれは幻想に過ぎません。改めて実際の顔（図2-7）を見ると、ツバメの目はかなり横向きについていることに気づかれると思います。

両眼視は哺乳類ではものを立体的に見る機能が有名で、それゆえに（獲物の正確な位置を把握しなければならない）ライオンなどの捕食者はシマウマなどの被食者に比べて目が前についているのだと一般的には説明されています。この変則版として、ライオンなどの代わりに、間違ってタカやハヤブサで代用してしまっている教科書もあるので、「捕食者＝立体視」が哺乳類のみならず、多くの動物に一般化できる法則だと見なされてしまっているようです。ツバメもタカっぽい顔をしているので同様のイメージがあるのでしょう。しかし、実際のところ、この立体視の機能そのものが、鳥類では特に重要でないと考える向きもあります。

鳥類の両眼視については、むしろ餌をつつく時にくちばしを目視するために過ぎないという話があったり、顔の前の死角を減らすためだという話

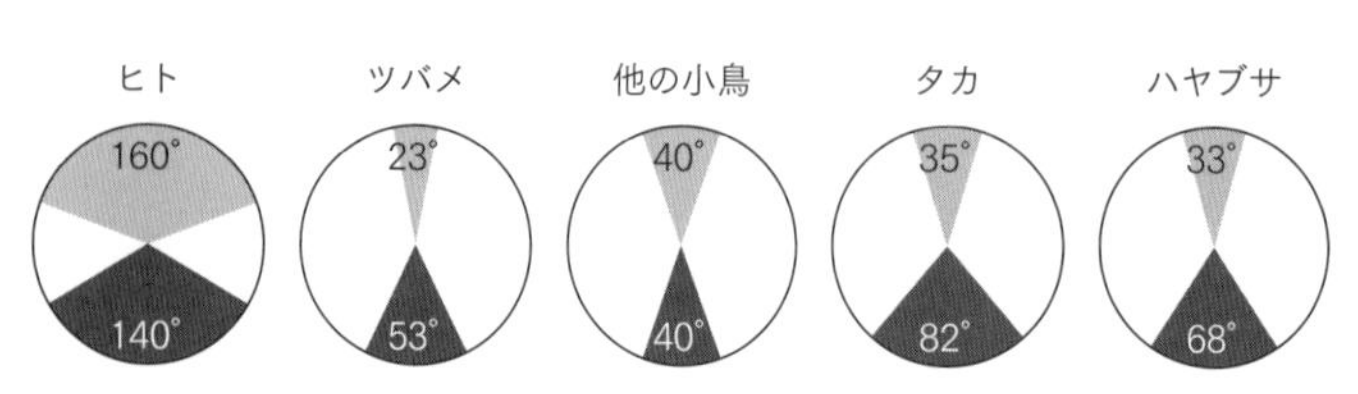

図2-6　ヒトと鳥類の視野。頭が円の真ん中にある時、灰色は両眼視の範囲を示し、黒色の部分は全く見えない範囲を示す。ヒトの図はMartin（2017）The sensory ecology of birdsを、鳥類の図はTyrrell & Fernández-Juricic（2017）Am Natを改変。

だったりと、さまざまな説が提案されています。哺乳類を含めた両眼視一般についても、右目と左目の間に距離があることで、片目にかかった小さな障害物の向こう側を反対の目で見えるようにしているという主張や、両目で見ることで物体から反射する光を多く受け取って薄暗い環境で有利になっているのだという話もあります。

「いやいや、そうは言っても捕食者のフクロウは夜行性の鳥のなかでもダントツで前向きの目でしょ」、という声も聞こえてきそうですが、フクロウの目が他の鳥より前向きについているのは、大きく発達した耳が邪魔して目を横向きに配置するスペースがなかったからという説もあります。なんらかの意味があるのか、あるいは単に何か制約があるのか分かりませんが、一般的には常識と考えられているようなものでもちゃんと調べると結構いろいろな説があって、なかなかおもしろいです。

ツバメは鳥目?

ここまで、目の構造や配置といったわりとマクロな特徴に焦点を当てて

図2-7　ツバメの目は意外と離れている。

きましたが、もちろん網膜に並ぶ視細胞自体も重要です。視細胞には2種類あって（図2-8）、1つは明暗を感知する細胞（いわゆる桿体細胞）で鳥類も哺乳類も共有しています。もう1つは高精細でカラフルな画像を得ることができる細胞（いわゆる錐体細胞）です。このように書くと錐体細胞の方がすごそうな気がしてしまいますが、錐体細胞は桿体細胞より光の感度が低いので、暗いところでは役に立ちません。太陽が沈み、暗くなるほど世の中から色彩が失われていくような感じがするのはこのためです（逆に、映画などではこの視細胞の特徴を逆手にとって、日中撮った映像の彩度を落として夜を演出することがあるそうです）。

どちらの視細胞も一長一短ですので、網膜のスペースをめぐってトレードオフが生じます。冒頭のフクロウのように桿体細胞を優先するか、それとも日中動く多くの鳥のように錐体細胞を優先するかなどを選ぶことになります。錐体細胞を優先すると桿体細胞が結果として減るので、日中動く鳥は夜になると目が見えなくなる、いわゆる「鳥目」だと思っている方もいるのですが、桿体細胞が少ないからといって夜目が効かないとまでは言えません。実際、調査でツバメを真夜中に捕まえようとしても、目が覚め

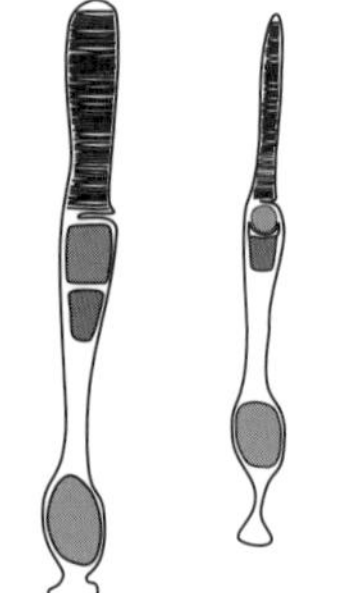

図2-8　鳥類の桿体細胞（左）と錐体細胞（右）の模式図。Martin（2017）The sensory ecology of birdsを改変。錐体細胞の種類については図2-10参照。

ている時は網の隙間を見極めて一瞬で逃げられてしまうことがよくあります（図2-9）。

錐体細胞と桿体細胞の配分が見え方にどう影響するか、実際に試してみることもできます。たとえば、前述の鳥のくぼみ（フォビア）、またヒトの中心窩も錐体細胞が密集している一方、桿体細胞が締め出されてしまっていることが分かっています。そのため、明るい時には凝視することで（＝中心窩を使うことで）、目をそらしている時よりものをくっきり見ることができます。逆に、暗いところでものをよく見ようと凝視してしまうと、桿体細胞が少ないことが災いして、かえって見づらくなります。

暗いところでものを見たい時はあえて視線を外して桿体細胞の多い周辺視野で見た方がよく見えます。このことは天文ファンの間ではよく知られていて、夜空で暗い星などを探す時には視線をずらして星を探す「そらし目」が基本テクニックとして活用されています。慣れないと無意識に凝視してすぐ光を見失ってしまいますが、あえて周辺視野を使うことで見え方の違いが実感できると思います。網膜上での視細胞の分布など日常生活で意識することはまずないと思いますが、次に夜空を見上げる機会があれば、

図2-9　夜に巣の近くで寝ているツバメ。

ぜひ試してみてください。

ダブルコーン

錐体細胞は一般的に色を見るための細胞だと考えられていて、中学校の理科でもそのように教わります。確かに、ヒトを含む哺乳類についてはこれで正しい説明なのですが、鳥類を含む他の脊椎動物には当てはまりません。彼らには、色を見る普通の錐体細胞の他にダブルコーンという特殊な錐体細胞があるためです(図2-10)。ついサーティワンなどのワッフル生地に乗っかった2段アイスをイメージしてしまいますが、錐体(コーン)*が2つくっついている視細胞という意味です(ちなみに桿体は「ロッド」ですので、英語の方が直感的にイメージしやすいと思います)。

ダブルコーンは明るいところで光の強さを感知する視細胞と考えられていて、ツバメの仲間は特に高い割合でもってい

油滴

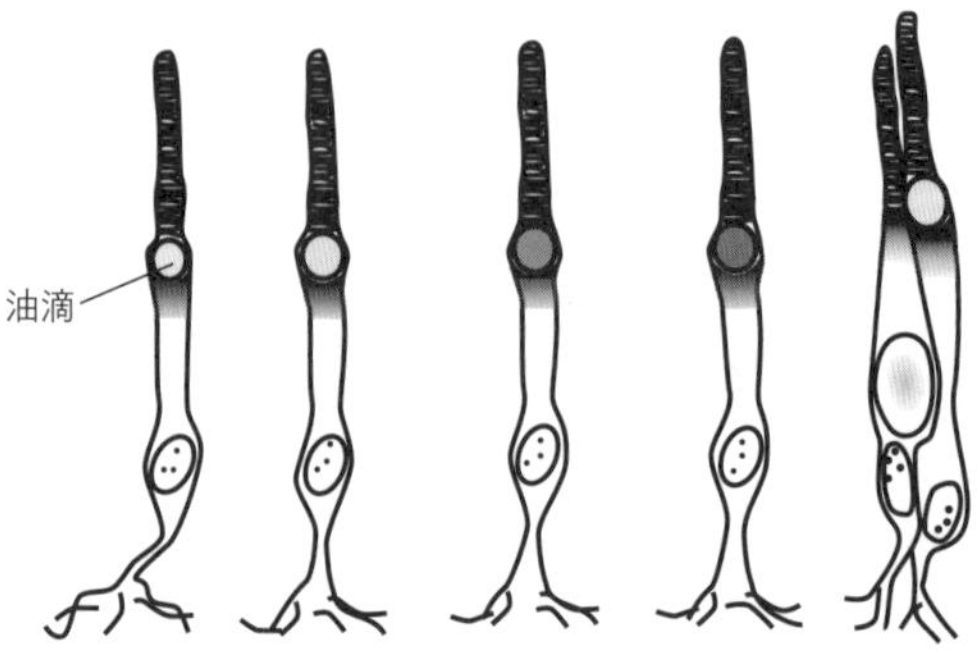

図2-10　鳥の錐体細胞いろいろ。左から4つは色を見るのに使う細胞で、一番右がダブルコーン。Toomey & Corbo (2017) Front Neural Circuitsより。カラー版は口絵12参照。

＊コーン　コーンと聞くと、つい「とんがりコーン」をイメージしてしまう人もいると思うが、とんがりコーンのコーンはとうもろこしのコーン(corn)で、三角コーンのコーン(cone)とは違うコーン。

ることが知られています。動きを感知する機能もあるとされ、太陽光のもとで飛翔昆虫を捕らえるのに適しているようです。私たちはダブルコーンがないので、昼間の視覚といえばすぐ色覚をイメージしてしまいがちなのですが、対象物のすばやい動きをしっかり捉えることもまた大事なことです。

実際、昆虫食の小鳥は特に動体視力が高いことで知られています。こうした小鳥の動体視力は脊椎動物のなかでもトップクラスで、ヒトの動体視力をはるかに上回ります（図2-11）。昔、カンフー映画『ベスト・キッド』に飛んでいるハエを箸で掴むという離れ技が出てきてびっくりした記憶がありますが、飛翔昆虫を食べる鳥はこれを日常的にこなしているわけですので、動体視力も高くて当然かもしれません。残念ながら高い動体視力をもたらすメカニズムにはまだよく分かっていないところもあり、詳しいことが分かるまでもう少し時間が必要なようです。

動体視力が高いと聞くとそれだけでうらやましく感じますが、いいことばかりとも限らないようです。今、世の中はヒトが作り出した蛍

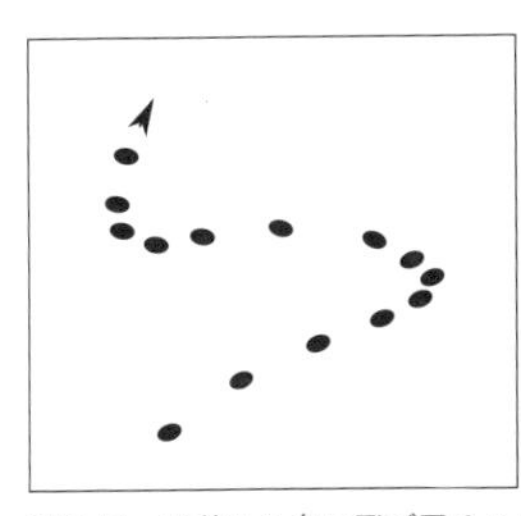
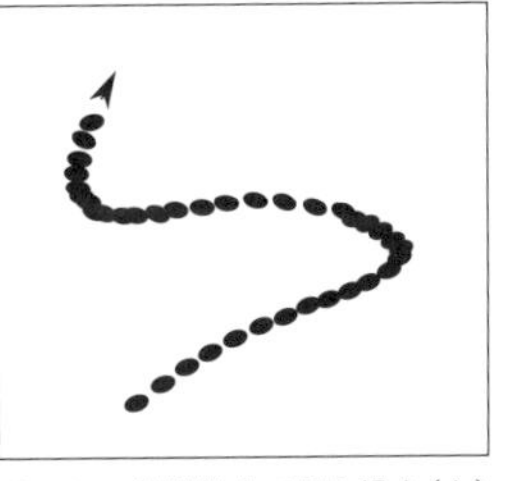

図2-11　手前から奥に飛び回るハエをヒトの動体視力で見た場合（左）と昆虫食の小鳥が見た場合（右）。昆虫食の小鳥はハエのすばやい動きもしっかり追えている。Boström et al (2016) PLoS Oneをもとに作成。

光灯、LED、その他の光で溢れていますが、こうした光はヒトの都合で作られたもので、他の生物のことは全く考慮していません。これらの照明は「(ヒトの)目にも止まらぬ速さ」で明滅しているために、ヒトにはずっと光ったままに見えているのですが、動体視力の高い鳥には点滅が見えてしまいます。光の点滅が見えることはヒトでも鳥でも悪影響があると報告されているので、高い動体視力をもつことで鳥は余計なストレスを抱えてしまうことになります。ヒト程度の低い動体視力なら蛍光灯が切れかかってチカチカしている時ぐらいしかストレスを感じませんが、常に明滅を感じる鳥はさぞ大変だろうと思います。

ちなみに、動体視力だけでなく、目の検査で測るようないわゆる普通の「視力」もツバメは高そうに思えますが、実際はそこまで大したことはないようです。視細胞の配置などから計算してみると、ツバメの視力は0・4程度と算出できます。今の4段階の学校基準ではCとなり、教室の後ろからでは黒板の文字が読めません。ディズニー映画『ズートピア』のような世界で授業を受ける機会があればメガネが必要なくらいです。

もちろんツバメも視力がよければよいに越したことはないのでしょう

が、どうしても頭が小さい分、目玉も小さく、網膜上の視細胞の配置も限られてくるので、解像度にも限界があるのでしょう。ツバメの仲間は少しでもものを大きく見るために、他の小鳥より目の形が奥に長くなっているという特徴がありますが（図2-12）、サイズの効果の前では形の効果もたかが知れているのかもしれません。第1章では漫画『ドラえもん』のひみつ道具「スモールライト」を浴びると音の方向がよく分からなくなる、という話を出しましたが、同時に視力も落ちてしまうようです。

カラフルな世界

ダブルコーンという哺乳類にはない錐体細胞をざっくり紹介したところで、いよいよダブルコーン以外の錐体細胞が関わる「色覚」の話に移ります。色覚はざっくり言えば、色を感じ取る能力のことです。

私たちは生まれた時から色が見えるので、日常的に色覚の恩恵に預かっています。休日になれば美術館に行ってモネやシャガールの色使いを楽しみ、帰りに色とりどりの世界の鳥の図鑑を買って、家でじっくり堪能する

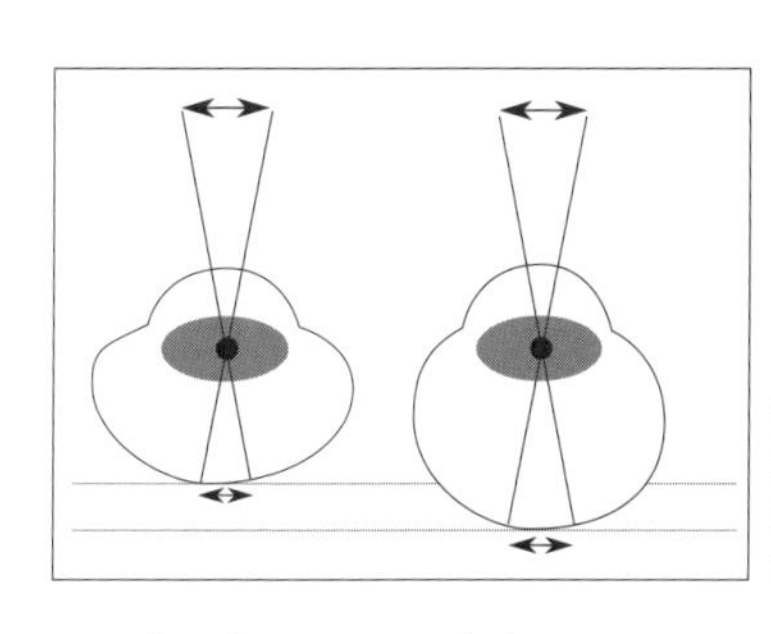

図2-12　目の形によって網膜に映る対象物の大きさが変わる。左が一般的な小鳥、右がツバメの仲間。目の輪郭はTyrrell & Fernández-Juricic (2017) Am Natより。

こともできます。しかし、改めて冷静に考えてみると世の中をカラーで見ていることはすごいことです。光はX線やガンマ線、赤外線など電磁波の特定の波長領域に過ぎないので、私たちはこの狭い範囲の電磁波の波長の違いだけをピックアップして、世の中を色分けして感知していることになります（図2-13）。

つい、そういうものだと思ってしまいがちですが、赤外線やX線などに相当する領域ではなく、可視光領域だけが細かく見えるようになっているのはそういう「見え方」が便利だからだと考えられます。もし仮に、赤外線領域が見えた方が便利なら、赤外線を色として見るようになっていたかもしれません。実際、金魚など、一部の魚は赤外線が見えることが知られていますし、ハブやマムシ（図2-14）など、一部のヘビの仲間には可視光による視覚とは別に、赤外線を捉える特殊な器官があり、テレビでよく見るサーモグラフィーのように赤外線情報だけを単独で映像として捉えるものもいます。ある程度の年齢の方には映画『プレデター』に登場する宇宙人の視覚と言った方がイメージしやすいかもしれません。

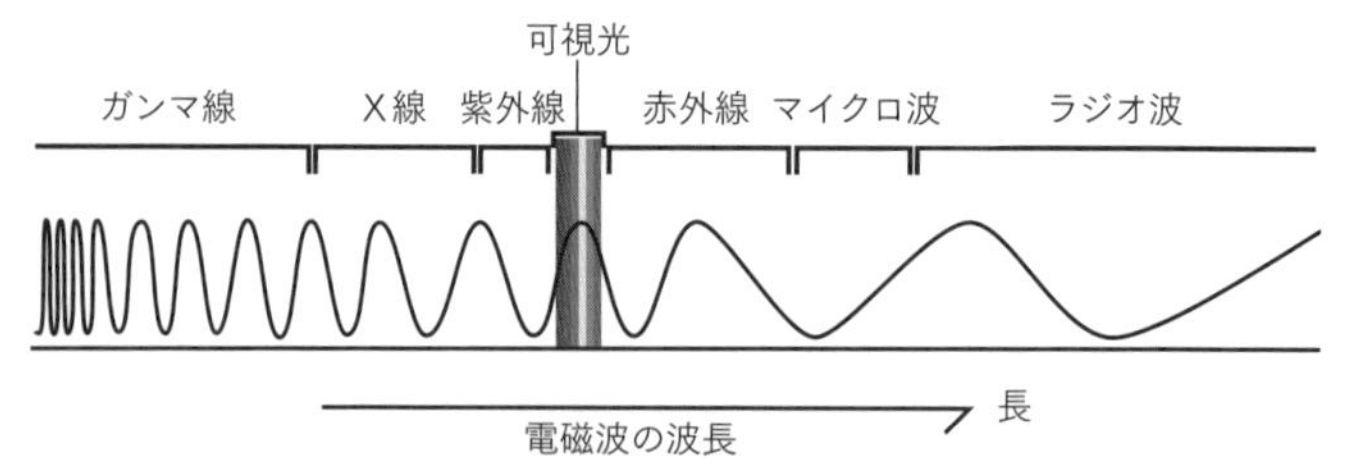

図2-13　電磁波のほんのわずかな領域が可視光で、残りは目に見えない。With (2019) Essentials of landscape ecologyをもとに作成。カラー版は口絵11参照。

結局のところ、物体の表面でいちいち反射したり透過したりするさまざまな電磁波のうち、生物は自分にとって都合のよい波長だけを色として知覚しているということになります。たとえば、赤いボールと私たちに認識されるボールは、実際には波長領域７００㎚付近の電磁波を比較的よく反射しているボールに過ぎないことになります。物質の特性としては、他にもいろいろな電磁波を反射していて、他の生物から見ればそれらもなんらかの色として見えているかもしれませんが、ヒトの目には色として見えないというだけのことです。色というものは対象の生物の目を通してしか存在しない、とも言えます。

色が目を通して初めて生み出されていることは、たとえば、通称「ベンハムのコマ（独楽）」（図２－15）と呼ばれるおもちゃを使って確かめられます。この白黒のコマは止まっている時はもちろん白黒ですが、回転させると視細胞ごとの微妙な伝達速度の違いによってカラーに見えます。もちろんこれは視覚のエラーに過ぎないのですが、こうした現象に直面すると、視覚が現実をそのまま反映した映像受信装置なのではなく、私たちが生きていく上で都合よく現実に「色」をつけたフィクションに過ぎないことが

図2-14 マムシ（の子ども）。いわゆる「丸書いてちょん」模様が特徴。

実感できます。

現実に存在していないものを脳の中で作り上げていると聞くとずいぶんすごそうですが、色が見えるメカニズムとしてはそこまで難しいものではありません。（赤や青など）特定の波長領域の光を感知する視細胞があれば、その領域での光の強さが分かるので、他の波長を感知する視細胞と比べることでどの波長が強く反射しているか分かります。別々の波長を感知する視細胞が3種類あれば、どの波長を一番よく反射しているか、ピークの位置がだいたい分かるので、赤色なのか緑色なのか、それともその中間域のオレンジや黄色なのかなどが分かることになります。

哺乳類の色覚

私たちヒトには3種類の色を見る視細胞があり、そのために、紫から赤までさまざまな色が見えます（図2-16）。無意識に他の哺乳類、たとえばイヌやネコも同じように世の中を見ているように思うかもしれません。

しかし、実際のところ、イヌやネコを含む哺乳類の多くは夜行性の祖先と

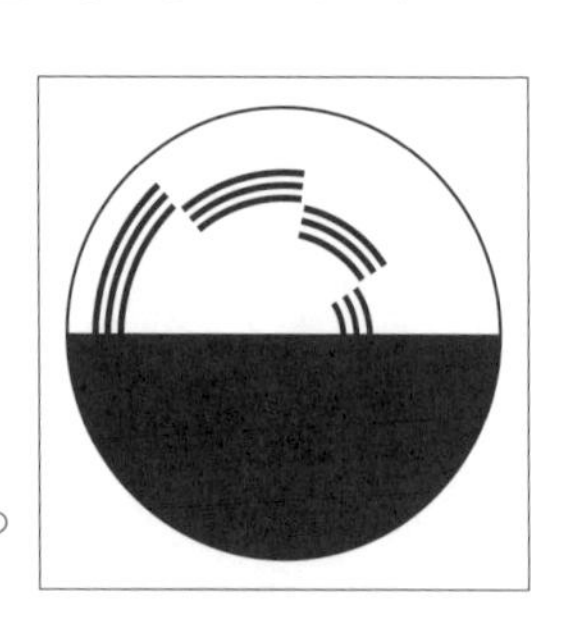

図2-15　ベンハムのコマ。白黒模様のコマだが、回転させると色が見える。

同じく2種類の錐体細胞しかもっていません。そのため、たとえば虹を見ても、ヒトや一部の霊長類ほどにはカラフルに見えないようです。

「知ってるよ、哺乳類は白黒でしか見えないんだろ」と言われることもありますが、これは誤解です。2種類の錐体細胞しかなくても、彼らは彼らで色を見ています。見てはいるのですが、なかには区別できない色が出てきてしまう、というだけのことです。たとえば、彼らが使う赤の波長領域を感知する視細胞が青の領域を感知する錐体細胞より反応していても、それだけではピークがどこにあるのか分からないので、赤色なのか、緑色なのかといった判断がうまくつかない、ということになります（ちなみに、これをうまく利用しているのが色覚検査表で、対象者が3種類の視細胞で色を見ているかどうか、手軽に調べることがで

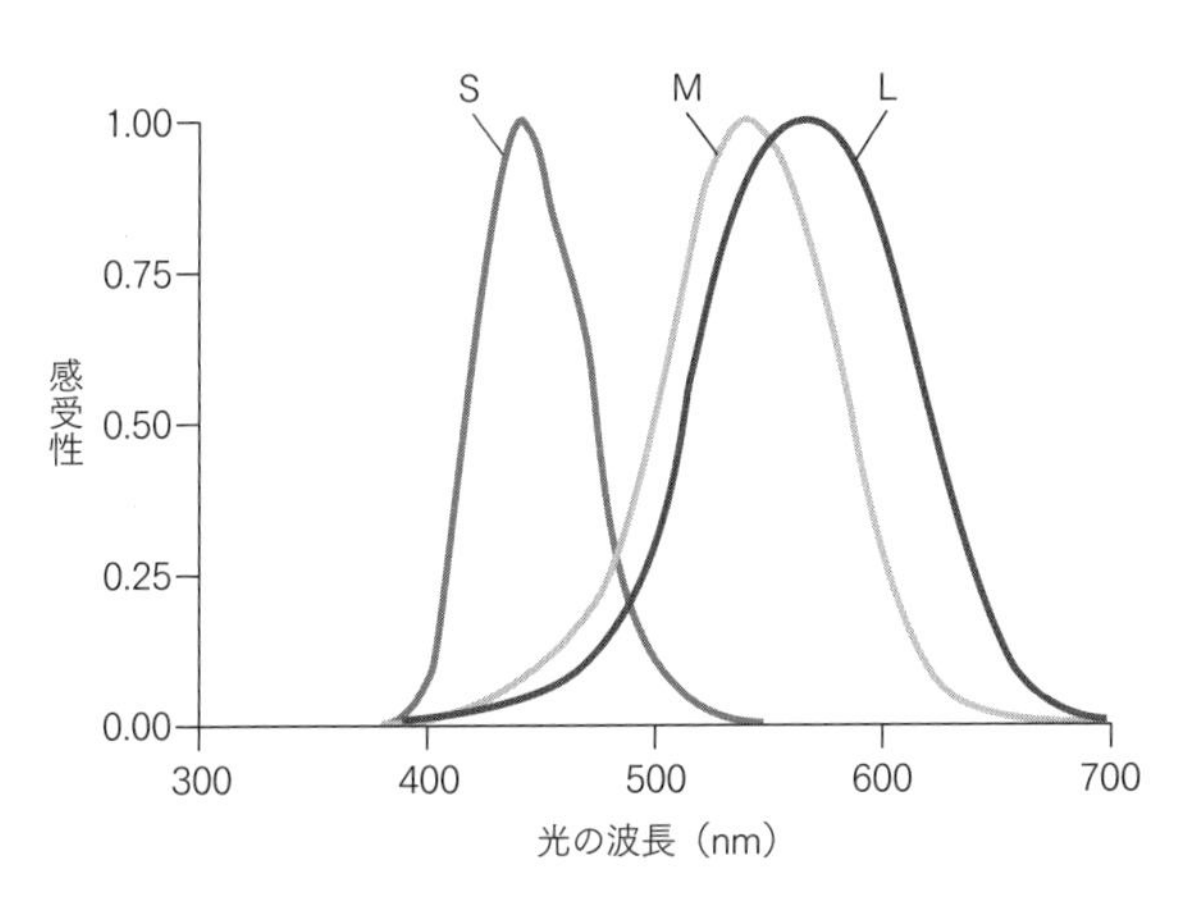

図2-16 ヒトの3種類の錐体細胞の光感受性。たとえば、錐体細胞Sは紫の領域（400nm）の光が当たるとよく反応することを示す。なお、ヒトはいわゆる可視光（およそ400〜700nm）の範囲でしか光を感知できないことに注意。多くの哺乳類では錐体細胞Mがない。Stockman & Sharpe (2000) Vision Resをもとに簡略化して作成。

きます）。イヌやネコのいるご家庭なら、理屈はともかく、色の好みがあることは既にご存じかもしれません。

なお、色がそれを見ている生物にとって都合がよいように作られた存在だということは、「客観的な」色というものは存在しないことを意味しています。ヒトに都合のよい色が他の生物にとって都合のよい色とだいたい一致することもあれば、全然違うこともあります。ヒトと同じような色が見えているのは、たまたま使っている視細胞の「波長が合う」生物に限られます。波長が合わない生物とは、同じ空間にいて同じものを見ていてもお互いの色の世界を知ることはできないことになります（図2-17）。

頭では分かっても、相手の見えているものが自分の見ているものと違うということは、なかなかうまく実感できないことでもあります。鳥の色について調べていたプロの研究者が、何度やっても飼育実験がうまくいかず、後になって、鳥にとって必要な光成分（紫外線）が足りていないことが原因だと分かった、なんていう話もあります。ヒトは紫外線が見えないので、鳥にとって極めて不自然な状況で実験していることに気づけなかったわけです。前章のモスキート音のところでもありましたが、（自分の）世界観

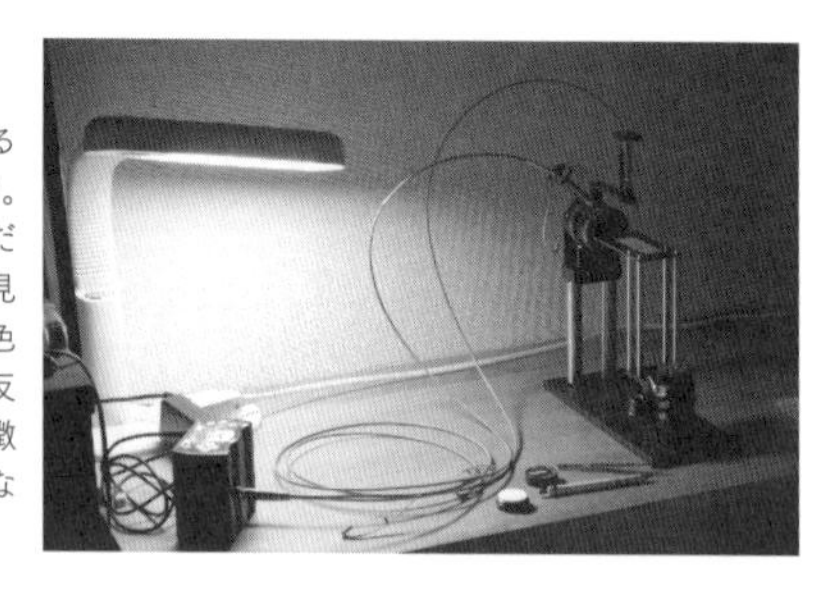

図2-17 光の反射を客観的に調べるスペクトロメーター（左下の機械）。おもちゃにしか見えないが、これだけで100万円くらいする。ヒトの見ている色は、他の生物が見ている色と違うので、こうした機械で光の反射自体を調べ、相手の視細胞の特徴に基づいて見えている色を予想しなければならない。

の偏りに気づくのはなかなか難しいことです。

紫外線が見える

ツバメを含む多くの鳥類に紫外線が見えるのは、可視光を感知する3種類の視細胞の他に、紫外線領域の光を感知する視細胞をもつためです（図2-18）。ヒトは紫外線領域の光を全く感知できないので、多くの鳥はヒトより多彩な色が見えているということになります。

こう書くと、漠然とヒトより見える色が1色多い程度にしか思えないかもしれませんが、実際は紫外線領域の光と可視領域の光が混ぜ合わさることで、とんでもなく多彩な色の世界が広がります。ヒトが赤と認識する色も紫外線が見える鳥類にとっては紫外線の有無によって全く別の色に見えるでしょうし、いわゆる「無

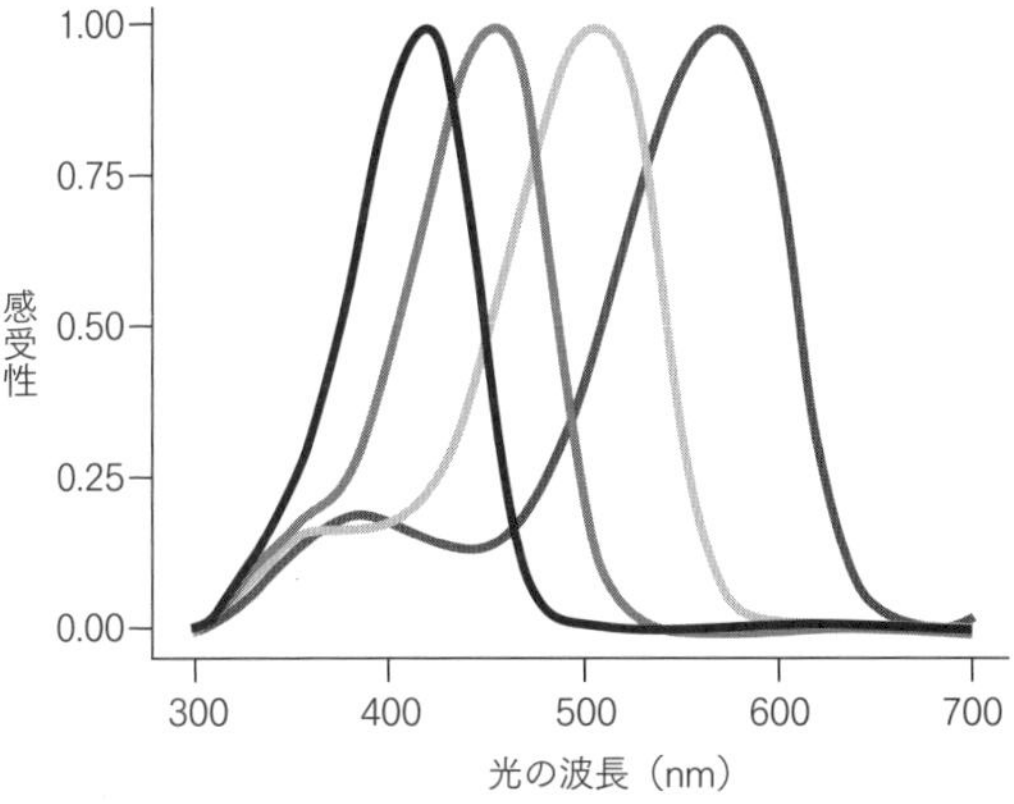

図2-18　ニワトリの視細胞の光感受性。ヒトには見えない紫外線（400nm未満の領域）も見える。Toomey & Corbo（2017）Front Neural Circuitsの図を日本語に修正。カラー版は口絵12参照。

彩色」の白や黒ですら、紫外線の反射次第で色彩豊かに見えているかもしれません。

カラフルな油

さらに、鳥の場合は各視細胞の上にそれぞれ狭い範囲の光のみを透過する油滴（水滴の油バージョンです。図2-19、図2-20）がのっていて、それがフィルターとして働くことで、細かい色の違いがよりよく区別できると言われています。コーヒーフィルターで不純物を濾し取って澄んだコーヒーが飲めるのと同じで、限られた波長範囲のみ透過するフィルターを使うことで余計な光が混ざるのを防いで、より高い精度で色を見ることができるわけです。「なるほど、じゃあツバメは微細な色の違いやカラーパターンまで感じ取れるわけか」と思いたくなりますが、これは半分アタリで、半分ハズレです。

確かに、この視細胞の特徴によってツバメを含む鳥の仲間がヒトより細やかな色の違いが分かるというのは間違いなさそうです。しかし、ツバメ

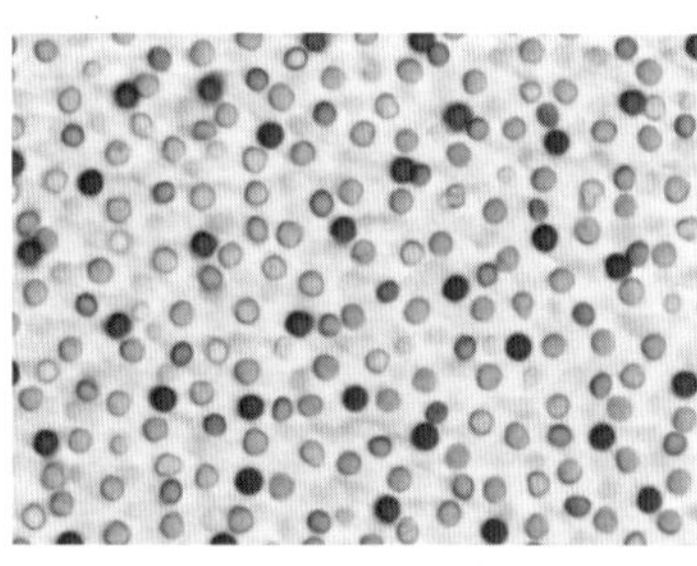

図2-19　ニワトリの網膜に見られる油滴。Toomey et al（2016）eLifeより。カラー版は口絵12参照。

の仲間とアマツバメの仲間に関しては、（おそらくダブルコーンにスペースを取られているために）色の識別に使う錐体細胞が他の鳥より少なくなっていることが知られています。他のスズメなどの鳥に比べると、ツバメの仲間は緻密な色構成を読み取るのが下手なのかもしれません。スズメ自身がスズメを見た時とツバメがスズメを見た時では、だいぶ印象も違いそうです。

シャコの光環境

イヌの錐体細胞が2種類、ヒトが3種類、ツバメなどの小鳥は4種類（＋ダブルコーン）をもち、たくさんあるほど色がよく見えるという風に紹介したので、錐体細胞の種類がどこまで増やせるか、気になった方もいるかもしれません。「世界一大きな生物」や「世界一速い生物」などと同じで、限界領域にいる生物を知りたいという単純な好奇心に過ぎませんが、気になるものは仕方ありません。「たった4種類でも私たちが感知できない鮮やかな世界が見えているなら、限界領域ではどれだけ美しい世界を味わえ

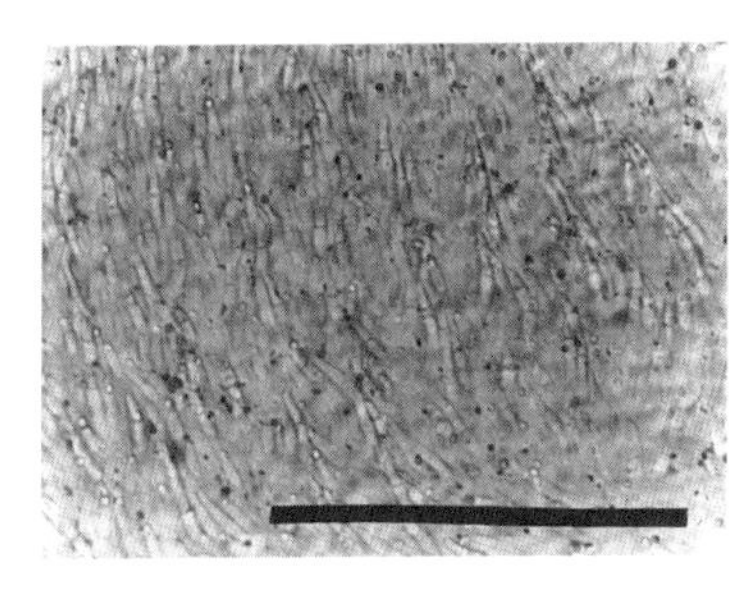

図2-20　ツバメの網膜に見られる油滴（棒線＝50μm）。Gondo & Ando (1995) Jpn J Ornitholより。

るのか」など、ついつい妄想が膨らみます。結論から言えば、今まで知られているなかで視細胞の種類が一番多いのはシャコの仲間で、16種類の視細胞がそれぞれ別々の波長の光を捉えているようです（図2-21）。

科学者の間でも「これだけ種類があるのだからさぞかしきれいな色が見えているに違いない」と、彼らの色彩感覚の解明に期待をよせていたのですが、研究が進むにつれ、シャコの色彩感覚はそれほど優れていないことが分かってきました。詳細は割愛しますが、違う種類の視細胞の反応を比較して色を見る鳥や哺乳類などとは、全く違うシステムを使っていることが原因のようです。こう聞くとシャコの視細胞は無駄遣いのようにも聞こえるかもしれません。しかし、実際のところ、視細胞間で反応を比較しないことで迅速に対応できるので、瞬間的な獲物の判断が必要なシャコの生き方に合った視覚だと考えられています。

なお、シャコは獲物を瞬時に判断した後に高速パンチを繰り出すことで真空を発生させてプラズマ発光を放つ他、円偏光と呼ばれる特殊な偏光を視覚情報として捉えていることも分かっています。ちょっと何を言っているか分からないと思いますが、残念ながらいずれも本書で扱い切れる範囲

図2-21　シャコの一種。写真はスミソニアン博物館オープンアクセスメディアより。

をはるかに凌駕してしまっています。ひとまず漫画『聖闘士星矢（セイントセイヤ）』の主人公たちが繰り出す人知を超えた必殺技同様、何かよく分からないけどとにかくすごいものだと認識いただければうれしいです（ご興味ある方はぜひ「シャコ」や「円偏光」をキーワードに調べてみてください）。普通の偏光*は鳥も見えていて渡りの方角を微調整するのに使われていますが、円偏光が見えるのが分かっているのは今のところシャコぐらいです。

*偏光　光が波のように空気中を進んでくるとき、進行方向が偏っている光を偏光という。実はヒトも（かろうじて）偏光を感知することができ、偏光を見ると「ハイディンガーのブラシ」と呼ばれる青と黄色のハケ状の模様が視野に生じることで知られる。

鳥の色

「わざわざ視細胞まで調べなくとも、鳥自身があれだけカラフルなのだから、色が見えていて当然だ」と感じる方もいると思います。厳密に言えば、生物の色は同種の生物に見せつけるだけではなく、他種を惹きつけるためだったり、警告色だったりといろいろな機能があるので、安易に派手な色をしている生物が優れた色覚をもつとは限りません（植物の花や果実が分かりやすい例だと思います）。しかし、実際に同種他個体を威圧したり、異性を魅了したりするのに使われる特徴がカラフルだということは、やはり互いに色として感知しており、だからこそカラフルな羽毛が進化した可能性が高いと言えます。

ツバメで言えば、赤い喉や背中のメタリックブルー、尾羽の白斑などはライバルの威圧や異性誘引に絡んでいることが報告されているので、これらの色は少なくとも見えているようです。背中のメタリックブルーについては雌雄で紫外線領域の反射が違うことが知られているので、視細胞から予想される通り、ツバメも紫外線が見えていると見なしてよさそうです。また、私たちには黄色く見えるヒナの口も紫外線をよく反射することが知られていて、試しに紫外線の反射量だけ変えても親の反応が変わります。ツバメはこうした特徴を感知できるだけでなく、実際にうまく活用して生活していると言えそうです。

そもそもの色覚が最初になぜ進化したのかは遠い昔過ぎてよく分かりませんが、一度色覚をもつようになったら、今度はそれを効果的に刺激できる体色が進化して、その色を評価する利点のために色覚自体が維持されているのかもしれません。私たち自身が色覚をもつのも、同様に自分たちの色情報を読み取れるためという説もあります。「あの子、今朝はちょっと顔色が悪いみたい」と、ヒトがヒトの顔色を読み取って行動しているなら、鳥が鳥の羽色やヒナの皮膚の色から状態を読み取っていると考えるのも、もっともなことだと思います。実際、先に登場したツバメの羽色も、ヒナの口の色も、体調や質を表す指標として使えることが分かっています。

鳥の化粧

「鳥にとって色がそこまで大事なら、各自きれいな色を維持したり、向上させたりするはずだ」と予測される方もいるでしょう。実際、鳥が羽色を維持する、あるいは向上するためにさまざまな手を打っていることはよく知られています。たとえば、スズメの仲間は喉に黒い斑がありますが、喉の斑は換羽して羽が生え揃った後にもどんどん大きくなることで知られています。これは、スズメが喉の部分をしつこく擦って羽毛の先端部の摩耗を早めるために、根元近くの黒い部分が見えてくることが原因のようです。大きな斑をもつほどカッコよく、たくさん子孫を残せるので、日々のたゆまぬ努力で少しでも自分をよく見せようとしているのだと考えられています。

ツバメの喉には黒い斑の代わりに赤いパッチがありますが（口絵2参照）、これもやはり時間とともに大きさが変わります。ただ、大きさの変化はスズメとは逆で、時間の経過とともに、どんどん小さくなってしまうことが分かっています（図2-22）。これは、羽毛の構造として、上の方が赤く下の方が黒いので、摩耗すると赤い部分がすり切れて下の黒い部分が出てきてしまうためです。繁殖が始まってからも赤いパッチの面積は縮小し続け、1カ月に5％のペースで小さくなります。この赤いパッチも大きいほど子孫繁栄につながると考えられているので、スズメの仲間同様、ツバメもなにがしかの対処はしていそうな気がしますが、残念ながら実際の対処法についてはまだ分かっていません。

「日々の手入れで羽毛の磨耗速度を微妙に変えるぐらいなら、いっそ直接的に化粧でもした方が早いのでは」と考える方もいることでしょう。実際、そうした例も報告されています。

有名どころではトキが繁殖期になると、頭部周辺の皮脂腺から出る黒い分泌物を羽に塗りつけて羽毛を黒くすることが知られています（図2-

図2-22　スズメの喉の羽毛（左）とツバメの喉の羽毛（右）。時間とともに先端部が摩耗する。いずれも明るさ調節済み。

23）。トキはニュースでもよく取り上げられる鳥ですので、次回はぜひ映像をチェックしてみてください。トキはとき色（＝薄ピンク）のきれいな鳥ですが、繁殖期間中はむしろ墨をかぶったように黒っぽくなっていることが分かると思います。この他、道具を使って卵を割ることで有名なエジプトハゲワシでは、羽毛に土を塗りたくって色をつけることが知られています。いずれもヒトの美的感覚からするとかえって汚してしまっているように見えるのですが、彼らにとっては魅力的に映るのでしょう。ヒトでも、新品のスニーカーをわざと汚すというのが一時期流行していたので、分からなくもないかもしれません。

肝心のツバメについても、トキほどの色の変化はないとはいえ、確かに化粧をすることが分かっています。昔話『ツバメとスズメ』では、ツバメが呑気に身支度して化粧をしていたために親の臨終に間に合わなかったという説明が出てきますが、実際にツバメは羽づくろいをしながら化粧しているようです（図2－24）。ツバメの場合は、腰から出る分泌物（口絵3参照）を羽に塗りつけることで積極的に色を変えており、分泌物によって色鮮やかになると報告されています。化粧はヒトの専売

図2-23　トキの化粧。繁殖期（左）は非繁殖期（右）に比べて黒っぽくなる。ツバメの化粧はここまで目立たない。カラー版は口絵10参照。

特許と考えられがちですが、鳥の仲間も自らを美しくとどめ、また美しさに磨きをかけるために積極的に化粧を取り入れているようです。

化粧の話になると、なかには「自分を偽ってまでよく見せたいのか」と戸惑う方もいることと思います。偽ることなく、自分自身の実力で勝負すべきだという信念をおもちの方もいることでしょう。しかし、少なくともツバメに関して言えば、この換羽後の色の変化によって、色と体調や質との関係が弱まるどころか、強化されることが分かっています。化粧をすることで、かえって自分の実力をさらけ出すことになっている、とも言えます。私自身はあまり化粧の経験がありませんが、生活にいっぱいいっぱいの時には身支度がおざなりになるので、なんとなく分かる気がします。もちろん化粧をする全ての生物に当てはまるとは限りませんが、(少なくともツバメに関しては) 目くじらを立てることではないと思います。

ツバメと「空目」

前章で聴覚について扱った際に空耳の話をしましたが、同様に鳥が「空

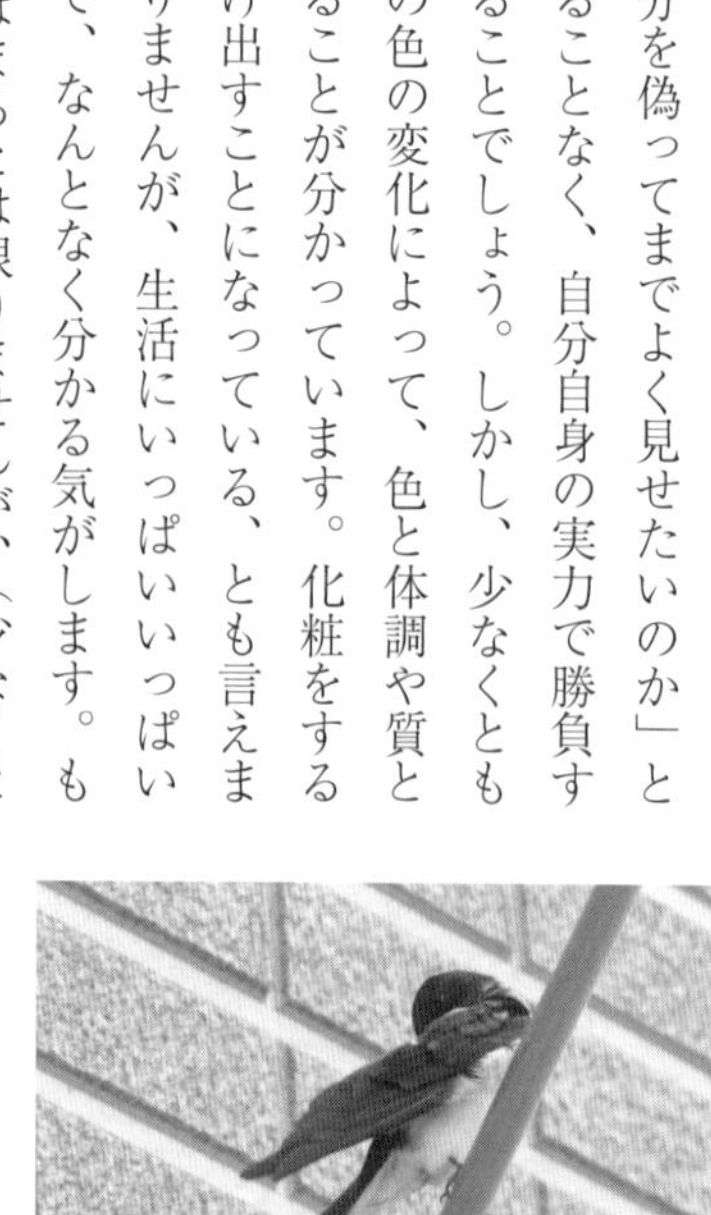

図2-24　羽づくろい中のツバメ。

目」することを利用している生物もいます。たとえば、多くの無害な昆虫が毒のある昆虫に擬態することで捕食者の鳥を欺くことはよく知られています。身近なところでは、ハナアブなどの無害な昆虫がハチなどに模様や色合いを似せていることが有名です（図2-25）。実際には、ツバメはハチとハナアブを見分けて食べますが、一瞬でも見間違えて躊躇するような擬態によって生き残るチャンスがわずかに増えているのかもしれません（もちろん、ツバメ以外の捕食者を主に騙しているという可能性もあります）。

こうした擬態をするのは何も昆虫だけではありません。カッコウなど、他の鳥の巣に卵を産みつける、いわゆる「托卵鳥」の仲間も擬態を活用することで知られています。この場合はタカやハヤブサなどの猛禽に擬態して、宿主からの攻撃をまぬがれているようです。こうした猛禽への擬態は副産物として、托卵対象でない鳥からも勘違いされて注目を浴びてしまうことがありますが、実際、カッコウに托卵されないヨーロッパのツバメが（おそらくタカと間違えて）カッコウを取り巻いて警戒し合う例が報告されています。

図2-25　ハナアブの一種。黄色と黒のカラーパターンで、ぱっと見の印象はハチに似ている。写真©北村俊平

カッコウに関しては卵も托卵対象の鳥の卵に似せているのですが、この擬態は紫外線が見える鳥の目から見てもかなりそっくりだということが知られていて、紫外線の反射が違う卵はすみやかに除去されるという報告もあります。カッコウ自身が紫外線をちゃんと見ることができるのか、できないのか、まだよく分かっていないところもありますが、別にカッコウが意識的に紫外線反射を変えているわけではなく、紫外線反射の似ている卵が生き延びることで、自然と紫外線領域まで卵が似てきたと考えられています。花や果物が可視光や紫外線をよく反射することで受粉や種子散布されやすくなり、世代とともに派手になっていくのと同じです。なお、ツバメとカッコウに関しては、第3章でもう少しだけ扱います。

ツバメと錯視

視覚を騙す話題になると、関連してよく錯視の話になります。ヒトでは錯視が生じることは昔からよく知られていて、いろいろな種類の錯視が報告されています。たとえば、線の長さや丸の大きさ、また傾きや形などが周りの物体に依存して変わって見えるものが有名です（図2-26）。もちろんこうした錯視は抽象化されて美術の教科書などに載るだけでなく、実生活にも応用されています。

たとえば、目の二重や涙袋が目を大きく見せる効果があることはよく知られていて、『ちびまる子ちゃん』などの漫画では、こうした特徴を取り入れることで登場人物の魅力を伝えているようです。目の大きさ自体を変えなくとも、こうした錯視を利用して擬似的に目を大きく見せることで魅力的に映ることになります。他にも、目の周りに黒い輪郭線を引いて、目を大きく見せようというメイクの技や、鼻筋にハイライトを入れることで鼻を高く見せるなど実用的なテクニックはいろいろと知られていて、書き連ねていけばキリがないぐらいです。

もちろん、錯視が生じるのはヒトだけではありません。鳥類にも錯視が生じているという報告があり、実際に錯視が利用されていることも分かっています。たとえば、熱帯域にすむニワシドリという鳥の仲間では、求愛の際にメスに見せつける飾りを遠くに置くものほど大きくすることで、自分の庭に同じ大きさの飾りが整然と並んでいるようにメスに錯覚させるそ

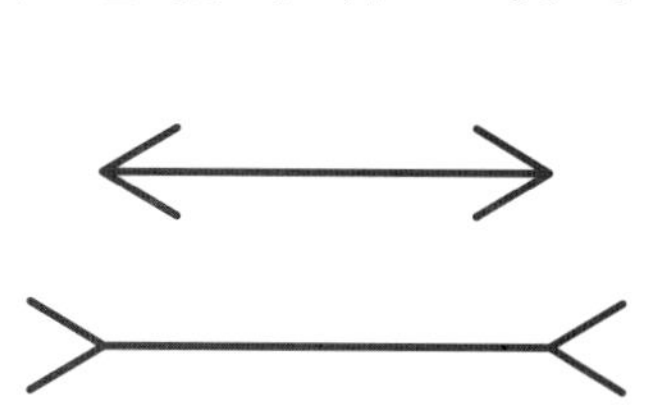

図2-26　錯視の例（ミュラー・リヤー錯視）。下の線分が上の線分より長く見えるが、実際の長さは同じ。

うです。この鳥では整った庭のオスほどメスにモテるので、錯視でもなんでも、異性を魅了できればそれでよいということになります。錯視を使ってメスを手玉に取るとは、なかなかの策士です。

ツバメでも錯視に基づく進化が報告されています。軒先で繁殖する普通のツバメ（付録1参照）は尾羽に白斑がありますが、この白斑があることで外側尾羽の長さを誇張して見せていると言われています（**図2-27**）。一方、ツバメの仲間でもコシアカツバメのように白斑のない種類もいますが（**口絵38参照**）、こうしたツバメの仲間は内側の尾羽を短くすることで、外側の尾羽を相対的に長く見せているようです。しかし、内側の尾羽を短くすることは飛翔性能の低下につながってしまいます。白斑をもつツバメの仲間は、白斑を利用した錯視を取り入れることで、飛翔性能の低下を招くことなく、尾羽を長く見せかけていると考えられます。実際に進化のパターンを調べてみると、白斑をもつツバメの仲間はもたないものに比べて内側の尾羽の短縮が抑えられていることが分かっています。

「ツバメのあの早い動きでそんな尾羽の端っこなど見えるものか」と思うかもしれませんが、ツバメの動体視力の高さを忘れてはいけません。私

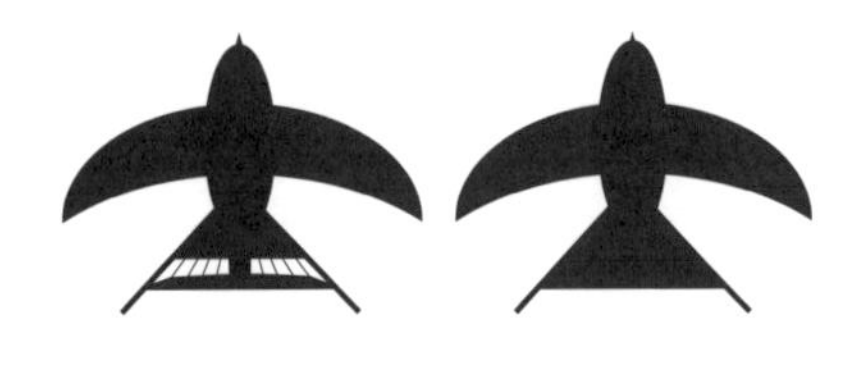

図2-27　白斑があるツバメでは、外側尾羽の飛び出しが少し長く見える。Hasegawa & Arai (2020) J Evol Biolを改変。口絵5も参照。

たちには一瞬にしか見えなくても、飛び回るハエを容易に捕まえるぐらいなので、尾羽の端でもなんでも、ちゃんと見えているはずです。つい自分の感覚を基準にものを考えがちですが、彼らのものの見方で考えなければ彼ら自身の暮らしも、進化も見誤ってしまいます。ついでに言えば、片目を閉じて、中心窩が重ならないようにして見た方が、彼らの視覚に近いかもしれません。彼らの視覚を完全に再現することはもちろんできませんが、相手の立場に立って考えることが大事だと思います。

なお、錯視はものの長さや形だけでなく、色の見え方にも生じます。鳥は体の部位によってさまざまな色を示しますが、部位ごとにそれぞれ別個に感知されているわけではなく、周辺部位の色が対象部位の見え方に影響することが知られています。たとえば、熱帯で繁殖する鳥類はとても黒い羽毛をもつことで、他の部分の色が輝いているように錯覚させることが知られています。同様に、ツバメなどに見られる赤と青のコントラストなど対照的な色の配置も、色を余計にカラフルに見せる錯視の1つだと考えられています（図2-28）。

図2-28　ツバメの顔。赤と青のコントラストが鮮やか。カラー版は口絵1参照。

ヒトにもこうした効果はよく知られていて、緑色の服を着ると顔色が悪く見えてしまったり、本来灰色の血管が周りの皮膚の色によって青く見えてしまったりすることが有名です。もっと高度な錯視もいろいろと報告されていて、「ムンカー錯視」（図2-29）で検索するとおもしろい例をたくさん見ることができます。

もちろん、ここで挙げたような錯視が全てであるわけではありません。むしろ、私たちが認識している動物の錯視はおそらく過小評価されています。ヒトとツバメが共有している錯視は私たちにも認識できますが、ツバメにしかない視覚情報（たとえば紫外線領域を用いた錯視や独特の視野を活かした錯視）はヒトには認識できないため見過ごされている可能性が高いと言えます。今後、各感覚の詳細が分かるにつれ、もっと報告が増えていくことになると思います。

感覚の相互作用

前章で聴覚と音声、本章で視覚と見た目について着目し、それぞれ対応

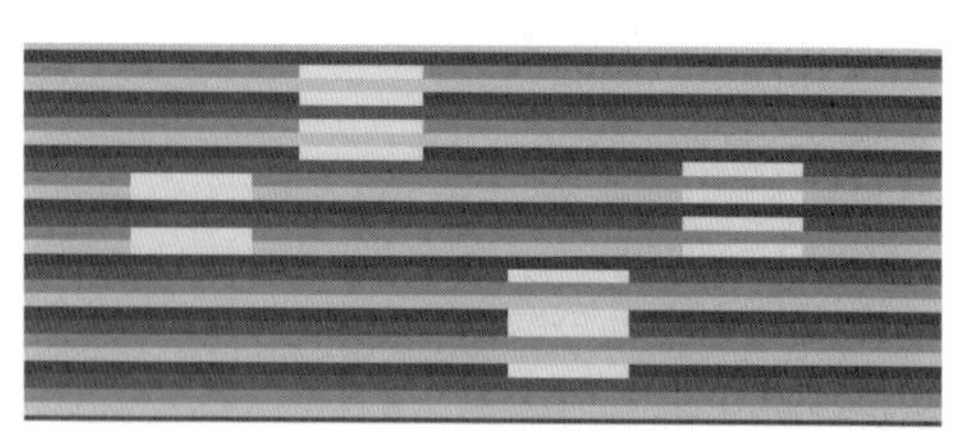

図2-29　ムンカー錯視の一例。４つの四角は全て同じ色だと言っても信じられないかもしれない。カラー版は口絵13参照。

していると説明してきました。音声を感知するのが聴覚で、見た目は視覚で感知されるので、それぞれセットで扱ったわけですが、これらの感覚はお互いに無関係というわけではありません。たとえば、音楽番組などでは、出演アーティストが歌に合わせてダンスしていたりしますが、これは音声と視覚的な動きが協調的に使われている分かりやすい例だと思います。逆に、YouTubeなどで映像と音声入力が微妙にずれている動画を見て、なんとも言えない気持ちの悪さを感じることもあります。こうした感覚は音と映像がある程度統合的に知覚されているために生じます。鳥類にもリズム感があり、音に合わせて体を動かすといったことをしますので、これらがそれぞれ独立ではなく、ある程度統合されて知覚されているように思えます。

最近の行動研究では従来式の視覚情報、聴覚情報といった別々での分析ではなく、統合的なアプローチが流行っています。ツバメでもさえずりと見た目が協調的に働いているという報告があり、異性を選ぶ時にそれぞれ別々に評価するのではなく、合わせて評価しているという話もあります。鳥の脳が視覚と聴覚、あるいは他の感覚の刺激をどのように統合しているかはもう少し研究が進まないと分かりませんが、相手の感覚を理解することで、動物の行動がよりよく分かることになるのは間違いないと思います。

ここまでツバメの環境世界を紹介し、彼らが自身を取り巻く光や音といった物理的な刺激をどのように捉えているのか紹介してきました。ヒトとの違いを通して、ツバメ自身の世界観もなんとなく見えてきたところだと思います。しかし、もちろんこれでツバメの世界が全て分かったわけではありません。次章では、ツバメを取り巻く競争者や捕食者といった、他種生物との関わりについて見ていきたいと思います。

第3章

ツバメの異種格闘戦

「餌」となる生物

大空を飛び回るツバメは、自由を謳歌して気持ちよく飛んでいるように見えます。日々の仕事や人間関係に疲れてくると、ついうらやましくなって、一緒に飛んで行きたいと思ってしまうこともあります。ですが、ツバメの世界はたくさんの競争相手や捕食者、被食者、寄生虫、その他もろもろの厄介な連中に囲まれていますので、呑気に空を飛んでいればいいというわけではありません。本章では、ツバメたちがこうした他種生物とどのように関わっているか見ていきます。

まずは被食者である餌の話からスタートしましょう（図3-1）。私たちはスーパーに行けばご飯が手に入るので、食材1つ1つがかつては生きて生活していた他種生物であることをつい忘れがちです。「最近の子は切り身の魚が海で泳いでいると思っている」など、たちの悪いジョークがまことしやかにささやかれるのも、お金さえあれば食材が手に入る現代の食料事情ならではだと思います。この感覚を引きずってしまうと「餌場に行けばタダでご飯にありつけるなんて、ツバメは楽ちんだ」などと勘違いし

図3-1　餌を追いかけるツバメのオス。顔の前方にいる飛翔昆虫（餌）に注目。

てしまうこともあります。

こうした見方は餌となる生物が彼ら自身の環境のなかで生活していることを忘れてしまった見方です。餌として食べられてしまう生物もツバメに消費されるために生きているわけではないので、基本的には食べられないように行動しますし、彼らの生物としての特徴がツバメの生活に大きく影響します。餌種自身の環境が悪化すればツバメにとっての餌が枯渇し、その地域にすむツバメ全員が死んでしまうこともありますので、文字通り餌はツバメの命運を握る鍵と言ってもよいかもしれません。良好な環境条件下でも、そもそも固定された餌場などなく、神出鬼没の餌を探し回らなければならないことを考えると、ちっとも楽ちんではないように思います。ツバメの「食べ物」としか認識されないことも多い彼らですが、以下、少しページを割いてていねいに紹介していきます。

ツバメは何を食べている?

まず、ツバメの餌となっているのは基本的には飛翔昆虫です。ツバメの種類によっては案外植物を食べていたり、普通のツバメでも時期によっては果実を食べていたり、地面に降りて餌をつつくこともあります。ときには、運悪く風に吹き飛ばされた地上性の虫をうまくキャッチする他、木からぶら下がって涼んでいる芋虫の仲間も食べますので、飛翔昆虫しか食べられないというわけではありません。ですが、あくまで主食は飛翔昆虫なので、飛翔昆虫の変動がツバメたちの生活を左右します。

季節によっても、また日によっても数が大きく変わることが飛翔昆虫の特徴です。いわゆる変温動物の昆虫たちは寒いとほとんど飛べない日もあるので、そうした時にはツバメの仲間は食べるものがなくなってしまいます。「じゃあ虫と同じく、天気がよくなるまでずっと我慢していればよい」と思うかもしれませんが、恒温動物の鳥は日々大量にエネルギーが必要ですので、寒い日も、雨の日も、どうにか餌を食べていかなければなりません。やっと見つけた餌を見失ったり、取りこぼしてしまったりするようでは、生きていけません。

結果として、わずかに出てきた虫を見逃さずに効率よく捕まえられる高度な視覚と飛翔能力をもつものだけが生き残り、前章で紹介した特殊な視覚と、長い翼などの独特のフォルムを得るに至ったと考えられています（口絵4参照）。最近の研究によれば飛翔能力さえあればよいわけではなく、脳が大きく、賢くないと食べていけない、という話も出ています。映画『ダイ・ハード』の主人公ではないですが、ピンチの時にとっさの機転が効く必要があるのはツバメも同じです。餌の特性に合わせてツバメたちの視覚や飛翔能力だけでなく、認知能力も進化してきたことになります。

　そもそもツバメ類が南に渡っていくのも、温帯以北では寒い冬に餌がなくなってしまうからという話もあります。寒いと必然的に飛翔昆虫がいなくなるので、温帯以北に年中とどまっても食べていけません。むしろ、年中暖かい気候が続く、熱帯や亜熱帯に渡って行った方が食事にありつけます。ならばそのままそこにとどまっていた方がよいかというと、そうとも限りません。温帯以北では初夏などには暖かい空気を待っていたかのように爆発的に飛翔昆虫が増えるため、年中熱帯にいるよりは温帯以北に渡った方が子育てしやすく、季節的に南北に移動する渡りが進化しやすくなったと考えられています。

餌の違い

ヒトにとっては飛翔昆虫などどみんな同じにしか見えないかもしれませんが、ツバメから見れば虫もいろいろです。わりと大型のハエやハチ、トンボのように食べ応えはあるけれど捕まえるのが大変な虫から、空中の「プランクトン」*と呼ばれるような、自分の飛翔能力よりむしろ風や上昇気流といった周囲の空気の動きに左右される羽アリやアブラムシ、ヤブカのような虫もいます。こちらは食べ応えこそありませんが、楽に捕まえることができます。駄菓子の麦チョコなどと同じで、1つ1つは小さくても、たくさん食べればお腹も膨れます。

ツバメの仲間はこうした連中を食べますが、全種がみな同じような餌を食べているわけではありません。どういう虫を食べるかは、種類によって違います。普通のツバメはわりと大型の飛翔昆虫を活発に捕まえて食べるのを好みま

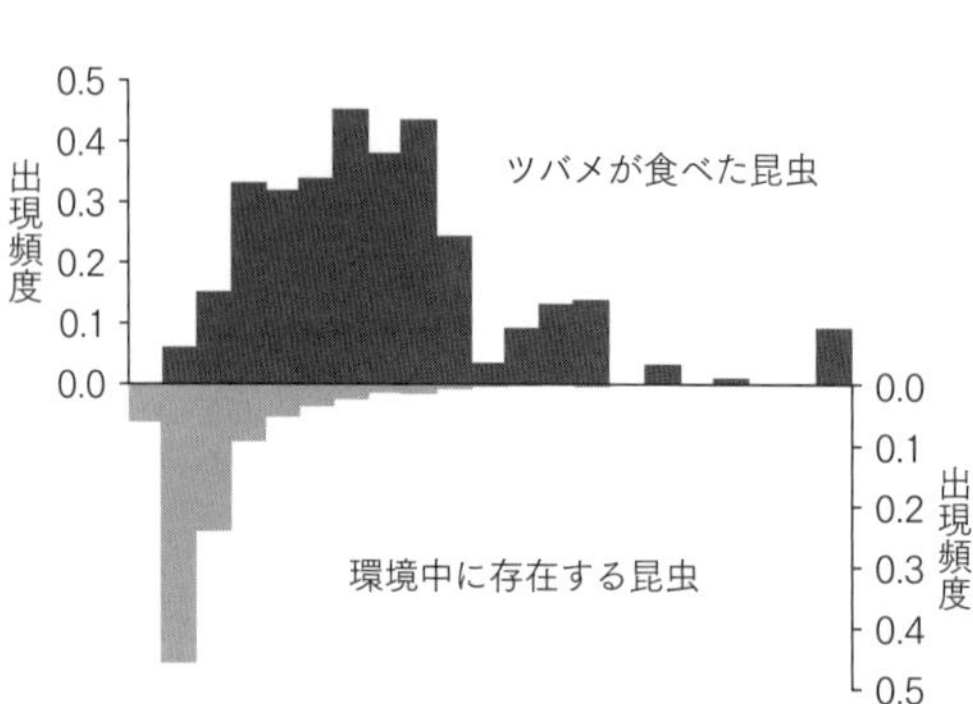

図3-2 ツバメは飛翔昆虫のなかでも大型の餌を好む。左から右に、0〜1㎜、1〜2㎜から19〜20㎜、>20㎜まで、出現した昆虫の体サイズごとの頻度を示す。McClenaghan et al (2019) Auk をもとに簡略化して作成。

***プランクトン** 「プランクトン」という言葉は目に見えないくらい小さい生物という意味だと誤解されがちだが、本当は自分で移動する能力に乏しく、(空中や水中に)浮遊している生物のことを指す。

すが（図3－2、図3－3）、ショウドウツバメやイワツバメ、コシアカツバメはわりと小型の、プランクトンに近い虫が好きなようです。ショウドウツバメやイワツバメといった小さめのツバメの仲間はともかく、コシアカツバメはツバメより大きいので、ちょっと意外かもしれません。しかし、彼らが実際に飛んでいる姿を見ると小さい餌を食べるのもよく分かると思います。彼らはゆっくりふわーっと優雅に飛んで餌を食べるので（口絵37参照）、普通のツバメのようにすばやい生物を捕まえるのに向いていないように見えます。

逆に、南西諸島にすむリュウキュウツバメは、尾羽が短いのでツバメより小さく見えますが、食べている虫はツバメより大きいとされています。実際、ツバメの越冬地でもあるマレーシアでツバメとリュウキュウツバメの餌を見比べると、リュウキュウツバメの方が大きな餌を食べることが分かるそうです。彼らは直線的に結構な速さで飛ぶので、そうした餌の好みがあるのももっともに思えます。コシアカツバメもそうですが、体の大きさが食べ物の大きさに直結するわけではなさそうです。

普段は気にしないと思いますが、「何を食べるか」という問題は「どうやっ

図3-3　ヒナに餌を与えるツバメのメス。ヒナの口から昆虫の羽がはみ出している。

て食べるか」という問題とリンクしています。多くの鳥はくちばしを使って餌をとるので、くちばしの形や大きさが餌と強く関係しているのが知られていて、ガラパゴス諸島のダーウィンフィンチやマダガスカルのオオハシモズの仲間のように、祖先が同じでも餌が変わることでくちばしが急速に多様化した例（いわゆる適応放散）も知られています（図3－4）。「だから何」と言われそうですが、くちばしが変われば見た目も声も変わるので、お互いが同種と認識できず、別種としての道を歩むことになります。ヒトも口の形をちょっと変えたり、手を添えたりするだけで声が変わるので、くちばしの形や大きさが声に影響して相手の印象を変えることもイメージしやすいと思います。結果として、餌がちょっと変わるだけで、多種多様な生物が生まれることになります。

ツバメのように餌をそのまま食べる鳥ではそこまでくちばしに大きな違いはありませんが、それでも餌サイズが大きいほど口も大きいことが知られています（図3－5）。丸呑みする時に、口が小さいと単純に大きな餌が飲み込みづらいのでしょう。実際、ヒナへの給餌を見ていると、親がとってきたトンボがヒナの口にはまだ大き過ぎて飲み込めず、悪戦苦闘してい

図3-4　オオハシモズの仲間（一部）。左からハシナガオオハシモズ、シロガシラオオハシモズ、アカオオハシモズ（抱卵中）。

ることがよくあります（巣の下によくトンボが落ちているのはこのためです）。

虫が作るツバメの社会

なお、どういう餌を食べるのかということは、ツバメたち自身がどういう社会生活をするのかにも密接に関わっています。特に、プランクトンに近い虫を食べるものは、集団生活を好むことが分かっています（図3-6）。実際、飛翔能力の低い虫は風に吹かれて予測不能な場所に集められてしまうため、仲間内で情報共有できる集団生活は理にかなっています。ひとりで神出鬼没な餌の集まり（群れ）を探すのは大変ですが、みんなで探して情報共有することで効率的に餌にありつけます。ヒトで言えば、漁師が船団を組んで漁をするイメージに近いかもしれません。こうした一時的な虫の集まりは風次第ですぐまた散り散りになるので、見つけ次第みんなで一気に食べてしまった方が効率的です。なお、こうした集団生活をするツバメの仲間は長い翼や燕尾が互いにぶつかり合って邪魔になるので、（単独

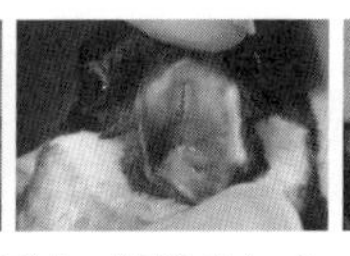
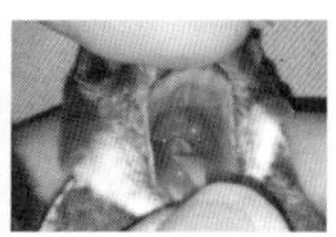

図3-5　左から、ツバメ、コシアカツバメ、イワツバメ、ショウドウツバメの口。普通のツバメは口が大きい。各種のカラー写真は口絵33～44を参照。

生活を送るツバメに比べて）短い翼や燕尾が進化するという説もあります。

逆に、自分で活発に飛ぶ大きな虫だと、風などによる影響も小さく、密になることもあまりないので、こうした餌を好む場合には仲間を呼ばずに自分ですぐに食べてしまうのがよいでしょう。もちろん集団生活をすべきかどうかは餌だけで決まるわけではないので、大きな餌をとるツバメの仲間がみんな単独生活をするというわけではありませんが、それでもある程度一貫したパターンがあります。彼らの社会生活そのものについては第4章で詳しく紹介しますが、餌の特性によって、ツバメの視覚や、翼や脳のような形態、渡りのような行動から社会構造までさまざまな特徴が影響されるのはなかなか驚きです。小さな虫だからといって無視できません（ダジャレです）。

図3-6 「プランクトン」に近い小さな飛翔昆虫（画像は蚊の仲間）。自分自身の飛翔能力よりも風などの外部の力に影響されやすい。カラー版は口絵17参照。

ツバメが虫を食べると……

ツバメが虫を食べることは、ツバメや虫自身に直接影響するだけでなく、さらなる遠大な影響を生じさせることも分かっています。たとえば、サンショクツバメ（図3-7）というアメリカ大陸で繁殖するツバメの仲間を調べている研究者によれば、この鳥が周りの飛翔昆虫を大量に消費することで、本来飛翔昆虫が受粉していた付近の植物があまり実をつけなくなってしまうそうです。実をつけなければ、当然植物は子孫繁栄しづらくなりますし、光合成量も低下します。ツバメに着目すると、どうしても消費する虫などとの直接的な関係ばかりに目がいきがちですが、虫を消費することは同じ地域に存在する、他の生物にも間接的な影響を与えることになります。

サンショクツバメは、ときに何千というペアが同じ場所で繁殖するので、その影響も分かりやすかったのだと思います

図3-7　巣材を集めるサンショクツバメ。集団で繁殖するツバメの仲間で尾羽は短く、燕尾になっていない。Johnson et al (2017) Ecol Evolより。

が、同様のことは他のツバメの仲間でも予想できます。普通のツバメも養蜂家にはハチミツの生産量を減らす害鳥として敵視されているということもあるので、サンショクツバメ同様、植物側に同様の効果を与えているのかもしれません。「風が吹けば桶屋が儲かる」のことわざではないですが、一見関係なさそうな植物とツバメの仲間が餌を介してつながっていることになります。おそらく、ツバメたち自身もそんなことを気にして食事をしているわけではないと思いますが（図3-8）、結果として地域の生物組成（専門用語で群集と言います）に影響していることが分かります。

熾烈な競争社会

もちろん、餌さえ手に入ればそれでOKというわけではありません。餌や植物以外にも、同じ場所にはいろいろな生物が生息しているので、これらの生物との関係もうまくこなしていかなくてはいけません。

図3-8　口移しで巣立ちビナに餌を与えるオス。餌を食べることは地域の他の生物にも間接的に影響する。

たとえば、他種との競争です。利用する資源が他の生物と被ってしまえば、ツバメも他種と競い合うことになります。実際にツバメがスズメを追い払っているところや、逆に、スズメに追いかけられている場面に遭遇したことのある方もいるでしょう。どちらも家屋に繁殖する鳥ですので、ヒトの家が完成することをともに祝うという「燕雀相賀（えんじゃくそうが）」という言葉もありますが、彼ら自身が仲良しとは限りません。お誕生日会に来てくれた友達同士が仲良しとは限らないのと同じです。

普通のツバメはカップ状の巣を使うので、巣穴に繁殖するスズメとはそこまで熾烈な争いをすることはありませんが、コシアカツバメのような閉鎖的な巣を使う場合にはスズメとの争いが激しくなります（図3－9）。「この間までコシアカツバメが使っていた巣をいつの間にかスズメが使っている」なんていうこともよくあります。野生生物のことなので、そういうものかと思いがちですが、自分の生活にたとえれば、いかに恐ろしいことが起こっているか分かると思います。ある日「ただいま」と帰ってきたらそこでは既にゴリラ

図3-9　左写真はスズメ（左）を追い払うコシアカツバメ（右）。右写真はスズメに乗っ取られたコシアカツバメの巣。カラー版は口絵18参照。

の一家が生活していた、みたいなものです。あきらめる他ありません。

　市街地に繁殖するツバメが他の鳥に巣を乗っ取られているのを見ることはあまりないと思いますが、これはそもそも軒先を利用する鳥が少ないためだと考えられます。同じようなカップ状の巣を使うツバメの仲間でも、リュウキュウツバメはむしろヒトのそばを避け、橋の下などで営巣することを好みますが、その結果として、巣がイソヒヨドリというわりと大きめの鳥のねぐらとして乗っ取られてしまうことがあります（図3－10、口絵19参照）。イソヒヨドリは奄美大島や沖縄本島など、南西諸島に多くいる鳥ですが、本州でも海岸沿いや市街地で見かけますので、単に分布が重なっているからというより、これらの鳥がヒトから見える場所で寝るのを避けるため、普通のツバメは被害をまぬがれているのかもしれません。

　同様に、リュウキュウツバメではヒメアマツバメによる巣の乗っ取りも見られます（図3－11）。どちらも似たような巣場所を好むので、必然的に競合してしまうのでしょう。イソヒヨドリが鎮座しているくらいなら、当のイソヒヨドリがいなくなればまた使うことができますが、ヒメアマツバメは巣を完全に作り替えてしまって自分の繁殖用に使うので、一度乗っ

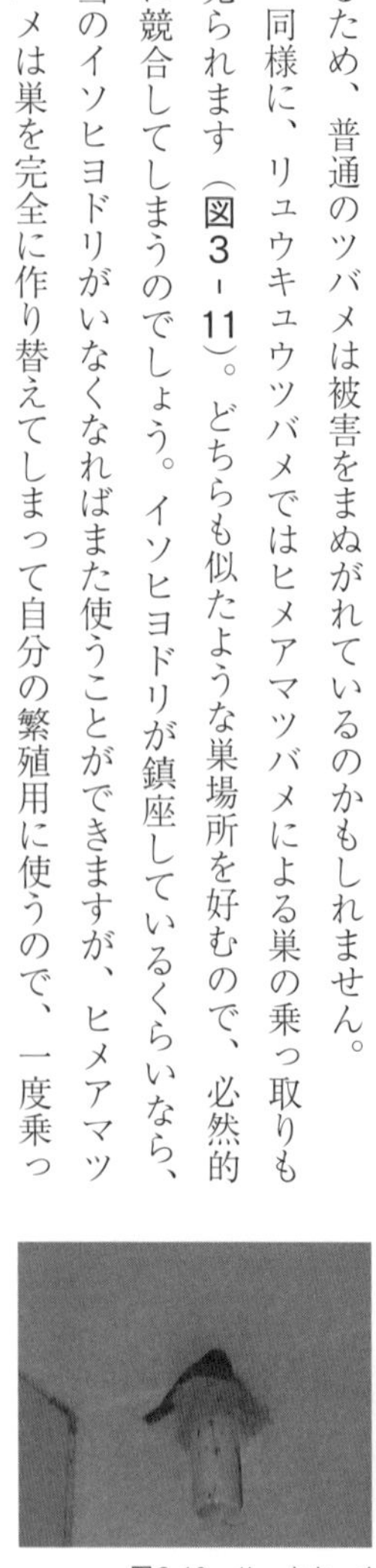
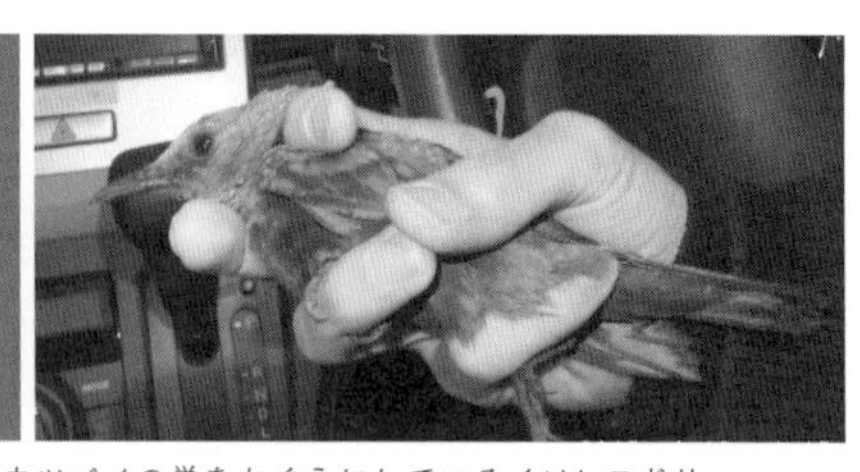

図3-10　リュウキュウツバメの巣をねぐらにしているイソヒヨドリ（左）とイソヒヨドリのアップ（右）。ツバメよりかなり大きく力も強い。

取られてしまうと、もうその場所は使えなくなってしまいます。なお、ヒメアマツバメは名前に「ツバメ」がついていますが、ツバメの仲間ではなく、ハチドリなどに近い「アマツバメ」の仲間です（付録1参照）。名前のわりにごつくてリュウキュウツバメよりも大きな鳥ですので、リュウキュウツバメとしては目をつけられないようにする他ありません。

ツバメとコウモリ

競争関係と聞くと、「コウモリとの関係はどうなの」ということが気になる方もいると思います。どちらも虫を食べる恒温動物ですが、ツバメの仲間が昼、コウモリの仲間が夜活動しているので、活動時間が重複するのを避けているようにも見えます（**図3－12**）。ツバメは視覚を使って餌をとるので、昼間に活動する方が都合がよさそうですが、コウモリは音波の反響（エコーロケーション）を使って餌をとるので（第1

図3-11　ヒメアマツバメ（左）とヒメアマツバメに改造され始めたリュウキュウツバメの巣（右：完成後のヒメアマツバメの巣は図6-4参照）。

章参照）、昼でも、夜でも、餌はとれるはずです。

イソップ物語の1つ『卑怯なコウモリ』では、都合よく自分を鳥だと言ったり獣だと言ったりして両方から愛想を尽かされた結果、コウモリは昼間閉じこもって、夜だけ行動することになったのだと説明されています。この説の信憑性はともかく、昔からコウモリが夜活動するのは何か理由があってのことだと考えられていたようです。コウモリがなぜ昼を避けている（ように見える）のかはコウモリの専門家も気になっているようで、科学的にもいろいろな説が提唱されています。ツバメたちとの競合の他にも、コウモリは皮膚剥き出しの翼で飛ぶので昼間は暑い、エコーロケーションで把握できる範囲は視覚で追える範囲に比べて狭いので、昼間は捕食されやすい、などの説があります。この最後の仮説は特に有力視されていて、実際、昼間にコウモリが飛ぶとタカなどの捕食者に食べられやすくなることが報告されています。では、ツバメたちとの競争は全然関係ないのかというと、そうとも言えないようです。

ツバメとコウモリの競争について、おもしろい報告があります。北欧で彼らを観察すると、白夜のもとでもやっぱりツバメの仲間は虫の活動が活

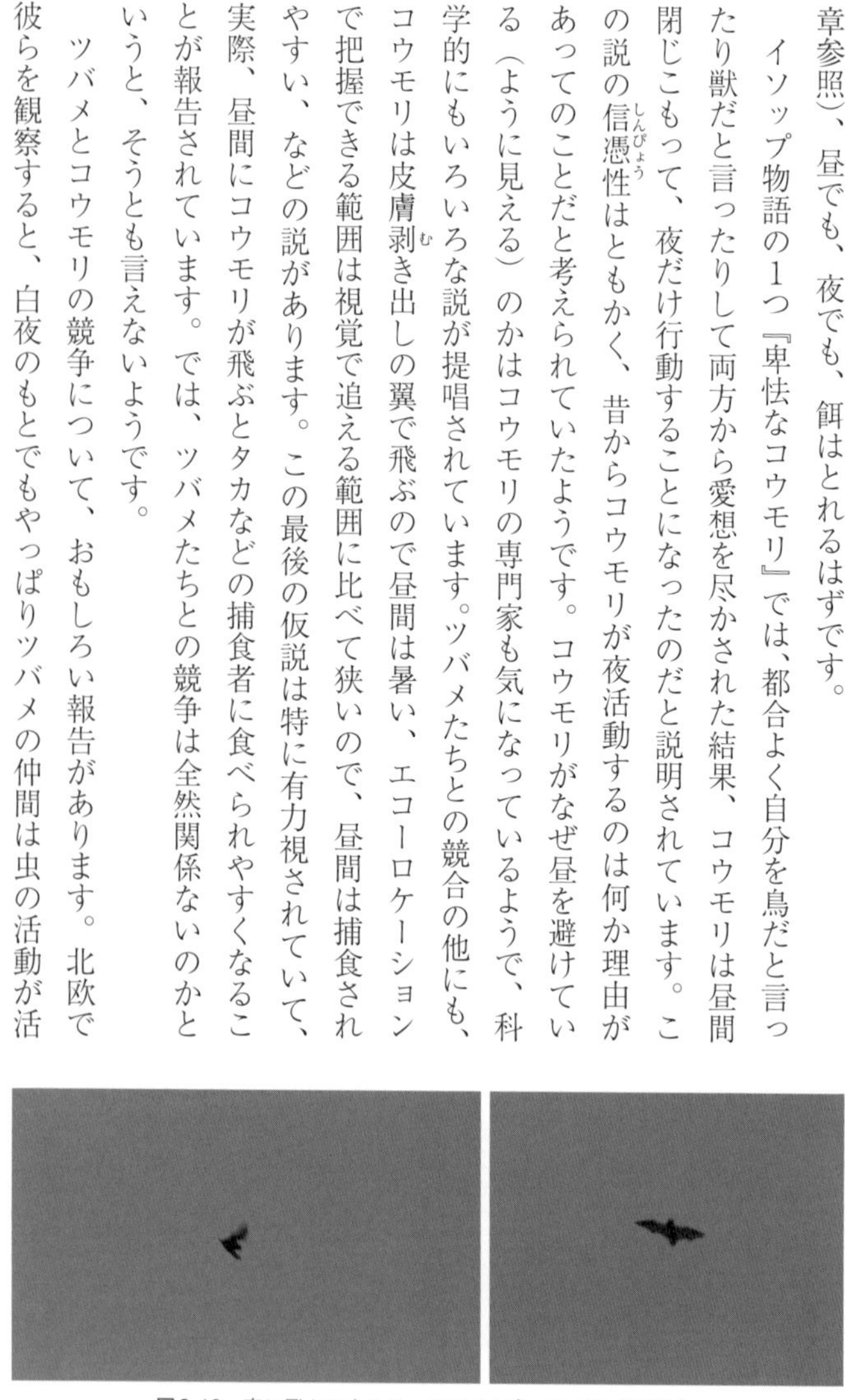

図3-12　夜に飛ぶコウモリ。ツバメと違ってパタパタ飛ぶ。

発な時間帯に活動していて、コウモリはこの時間を避けて行動しているようだ、という報告です。白夜の間は太陽が沈まないので、必然的に夜に活動することができなくなりますが、そうした条件でもやっぱりコウモリはツバメとバッティングしないように生活するので、競争は少なからず効いているのではないか、という話です。日中にコウモリを空に放してどうなるか見るような実験もありますが、こうした実験は明らかに不自然なので、日中の効果か不自然の効果か、よく分かりません。白夜という大昔から存在する自然現象を使うことで、自然な行動を調べることができます。ツバメとコウモリは現在そこまで熾烈な競争にあるように見えませんが、ツバメたちとの過去の競合が、「夜燕」とも呼ばれるコウモリの現在を作っているのかもしれません。

ツバメとリュウキュウツバメ

種間の競争でつい忘れがちなのが、近縁種です。ツバメの仲間同士は見た目も生き方も似ているので、仲良く過ごしていると思われがちですが、生き方が似ているということはそれだけ衝突しやすくなるということです。あまり近しくない生物同士でも偶然暮らしぶりが似てしまうことがありますが、近縁な生物同士は最近まで進化の歴史を共有していたもの同士ですので、どうしても暮らしぶりが似てしまいます。結果として競争も激しくなり、わずかでも競争能力の高い方が優先的に資源を獲得することになります。

日本で言えば、ツバメとリュウキュウツバメ（図3－13）が最も近縁な関係にあり、暮らしぶりも似ています。どちらも地表近くでわりと大きめの餌を食べますので、繁殖期など餌がたくさん必要な時にはどうしても拮抗してしまいます。ツバメの仲間とコウモリの仲間が時間的にすみわけているかもしれない、という話をしましたが、ツバメとリュウキュウツバメは「空間的に」すみわけているのかもしれません。実際、日本国内では繁殖場所は重なりません。台湾などではどちらも繁殖しているようですが、そこでなんらかのすみわけがされているのか、されていないのか、調べていくとおもしろそうです。

空間的なすみわけは、そもそもの渡りをする鳥としない鳥を生じさせた

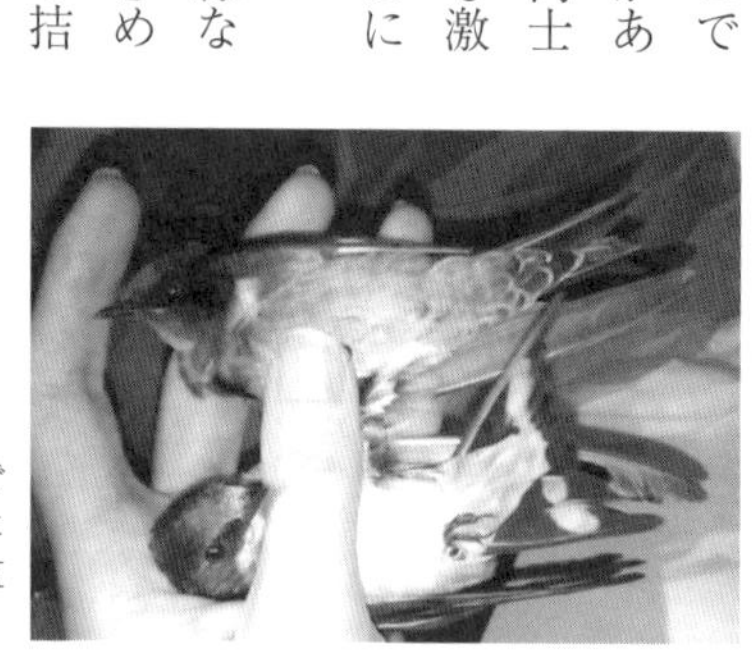

図3-13　リュウキュウツバメの巣でリュウキュウツバメ（上）と一緒に眠っていたツバメの幼鳥（下）。直接比べると違いが分かりやすい。

原因になっているという話もあります。餌の項目のところで、ツバメが渡りをするのは温帯以北で冬場に餌が乏しくなるためだ、という説明をしましたが、よく考えるとこれだけではなぜリュウキュウツバメが渡りをしないか、説明できないことが分かります。これを説明するのが、種間での競争に弱い鳥が渡り鳥になる、あるいは、渡りをすること自体が競争力を下げてしまって渡りをしない鳥に張り合えなくなり、結果的に渡りをする鳥としない鳥に分かれてしまう、という話です。

実際、小鳥の仲間では、なぜか渡り鳥は渡りをしない鳥に比べて一般的に競争に弱いことが報告されています。もちろんこれだけで渡りをする鳥としない鳥が存在する意味を全て説明できるわけではありませんが、似たような生活を送る周りの生物に生き様が影響されるのは間違いないと思います。ヒトには現在そこまで近縁な仲間はいませんが、これはヒトがこれらの競合する近縁種（ネアンデルタール人など）を滅ぼしてしまったためという話もあります。ヒトが世界中ところかまわず我が物顔でのさばっているのは、競合相手がどこにもいなくなったためでもあるのかもしれません。

異種間の協力

同所的に生息する鳥が競争するどころか、一緒になって協力しているように見える、という報告もあります。たとえば、ツバメの巣でツバメが他の小鳥と一緒に繁殖し始めて、お互いの子にも分け隔てなく餌をあげ、どちらも巣立っていったという話があります。つい映画『ズートピア』のような平和な世界をイメージしてしまいますが、これらは単に、巣の中にいるヒナを自分の子だと思い込んで子育てしているに過ぎないと考えられています。現実問題として同じ巣内にいるのは自分の子のことがほとんどなので、そういった例外的な事情にうまく対処できない、というのはなんとなく分かる気がします。巣内にいるのがあまりに自分のヒナとかけ離れていればそのまま巣を放棄しそうな気もしますが、共通の「かわいさ」を見出してしまうとあらがうことができない、という事情もあるのかもしれません（私たちも「かわいい」仔犬や仔猫の魅力に負けて、つい世話を焼いてしまいがちです）。

こうした報告はこれまではある種の「異常な」行動と見なされ、ちゃんとした学問のくくりからは締め出されてきました。他種を育てても自分の遺伝子は増えないどころか、余計なコストを払ってしまうので、進化的に見ると悪手としか言えない行動です。しかし、正常で利己的な行動のみによって世の中が成り立っているかというと、そういうわけでもありません。たとえば、こうした本来の文脈を超えるほどの強い子育てへのモチベーションがあるからこそ、これを利用したカッコウの托卵や、同種オスによる搾取（第1章参照）が生じているとも言えます。「やめられない、止まらない」行動はヒトでもありますので、こうした行動が生物の進化や生態、あるいは、地域群集の維持にどう働くか調べることも、おもしろいことだと思います。

その他の状況で種間の協力が見られるかどうかについては、よく分かっていません。先に競合相手であるはずのツバメとリュウキュウツバメが同じ巣で寝ていた例を出しましたが、これがお互いに分かった上で、体温保持のために協力していたのか、それとも、単純に同種だと見誤っていたのかもよく分かりません。ただ、寒い冬の日のことだったので、お互いに利益になる行動であることには違いなく、協力的に振る舞っていてもおかしくないと思います。冬山で遭難した時にクマなどの野生動物に体を温めてもらった、という逸話は日本各地に残っていますが、野生動物間での協力行動についてもこれから観察例が増えて理解が深まっていくといいなと思っています。

ツバメにとっての捕食者

大空を自由自在に飛んでいるツバメが捕食されるなど想像できないかもしれませんが、実際にツバメが他の生物の獲物になってしまうこともあります。イギリスのツバメの研究者、Angela Turnerさんの本によれば、ツバメ（親鳥）の捕食者にはタカやハヤブサの仲間（図3-14）の他、カモメ、フクロウなども知られているそうです。ヒトによって世界中に広がった飼いネコもツバメを食べてしまうことがあります。ヒトが直接の捕食者、というか殺戮者（さつりくしゃ）となっているという報告もあります。直接食べる他、乗り物で轢（ひ）いたり、射撃の的にしたり、いろいろです。

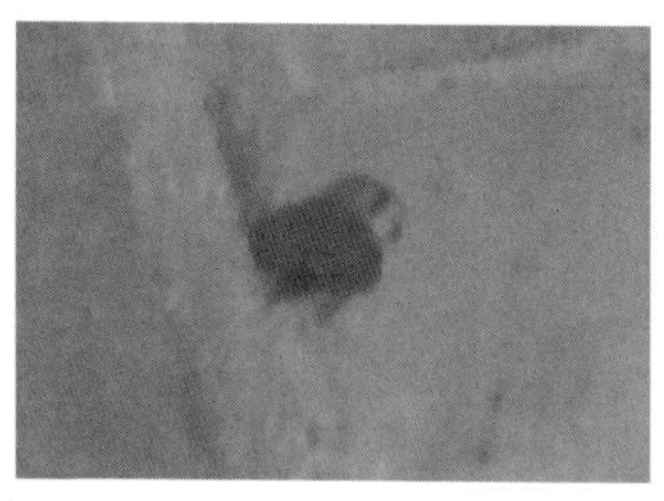

図3-14　リュウキュウツバメの集団繁殖地で眠っていたチョウゲンボウ（右）。ハヤブサの仲間で、ツバメの捕食者としても知られている。足元にあるのはリュウキュウツバメの巣。左は明るいところで撮った写真。

ツバメの仲間は飛翔能力が高いので、親鳥はそこまでひんぱんに食べられませんが、無防備な卵やヒナの時期には捕食が重要な死因となっています。卵やヒナの捕食者としてはカラスやヘビなど（図3－15）が知られていて、日本では子育てを開始してもおよそ半数が巣立つ前に食べられてしまいます（ただ、世界中でこのパターンが当てはまるわけではなく、同じツバメでも、牛舎など、建物の中で主に繁殖するヨーロッパのツバメでは捕食がまれだと言います）。もちろん親もただ黙って子が食われるのを見ているのではなく、捕食者が近づくと「ツピーツピー」と警戒声を上げてヒナに警戒を促しつつ、捕食者を追い払おうとします。第1章では、オスがライバルの求愛を妨げるのにこの声を使うと説明しましたが、警戒時の使用がこの声の本来の用途だと考えられています。この声を聞いたヒナは巣の中にうずもれてじっとして、捕食者から見つからないようにします。

餌の項目のところで、とるに足らない存在に見える餌が実際のところツバメの進化や生態を決めているという話をしましたので、餌の何十倍、何百倍も大きい捕食者は一体どれほどの効果を与えるのかと思う方もい

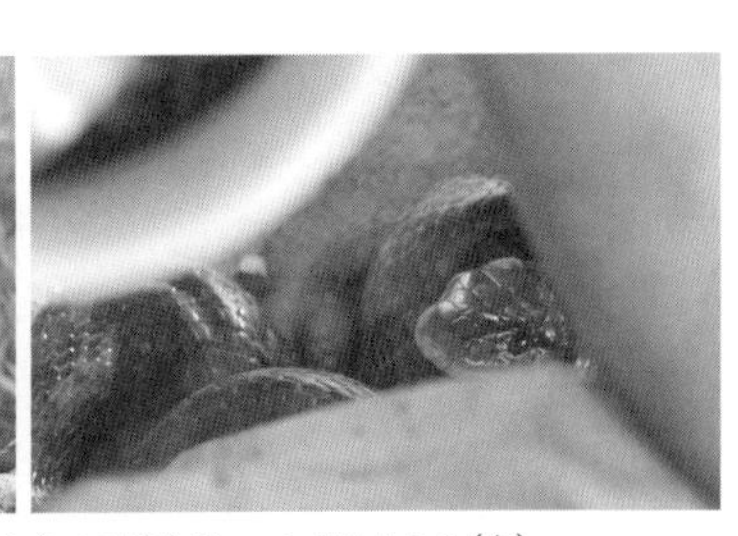

図3-15　ツバメの卵やヒナを食べる捕食者。ハシボソカラス（左）とアオダイショウ（右）。カラー版は口絵20参照。

るでしょう。実際、たとえばツバメがヒトの近くに巣をかけるのは、捕食者による被害を防ぐ機能があるという話もあります。ツバメに限りませんが、力の弱い小鳥にとってより大きな存在であるヒトの近くに来ることは、ヒトを嫌がる捕食者を回避する一定の効果が期待できます。ヨーロッパのツバメでは、捕食される割合は建物の中に巣を作った場合も外に作った場合もそこまで変わらないようですが、日本の場合は明らかに捕食が多いので、もう少し事情が違うかもしれません。捕食自体がツバメの進化や生態にどれだけの影響を与えているのか、もっと詰めていく必要があります。

相手によって警戒を変える？

警戒声に関して、近年シジュウカラ（図3－16）で革新的な報告がありました。ネットニュースやさまざまな書籍でも紹介されているので、ご存じの方もいるかもしれません。カラスが来た時とヘビが来た時で親鳥が全然違う声を出し、ヒナはその声を聞き分け、巣箱の奥に隠れるか、それとも巣箱を飛び出すか、反応を変えるという報告です。かつてはどんな捕食

図3-16　シジュウカラ。捕食者によって警戒声を使い分けることで知られる。

者相手でも同じように警戒しているだけだと考えられていたのですが、この報告によって、親鳥は捕食者の種類に応じて鳴き方を変えることで、捕食者情報をヒナに伝え、ヒナはそれに応じた対策をとっていることが分かりました。一世を風靡した研究ですが、最近、ツバメでも似たような行動があるという報告が上がっています。

中国での報告によると、すぐに卵やヒナを食べる捕食者が来た時と、托卵してのちに甚大な影響を与えるカッコウの仲間が来た時では親の反応が違うそうです。「カッコウがツバメに托卵するのか」と驚かれた方もいると思いますが、当地ではカッコウが普通にツバメの巣に卵を産んでいくことが知られています（図3－17）。ツバメの場合はシジュウカラほど顕著な違いがあるわけではないのですが、それでも、比較すれば違いが分かるぐらいには違うそうです。私の調査地ではカッコウに托卵された例がないので場所柄もあると思いますが、ただ騒いでいるだけにも見えるツバメがこうした複雑な行動をとっているというのは驚きです。ただ、こうした発見はあくまで研究者がこれまで対象の生物を過小評価してきた結果とも言えます。ちゃんと調べると単純に見える生物にも驚きの行動はまだまだ見

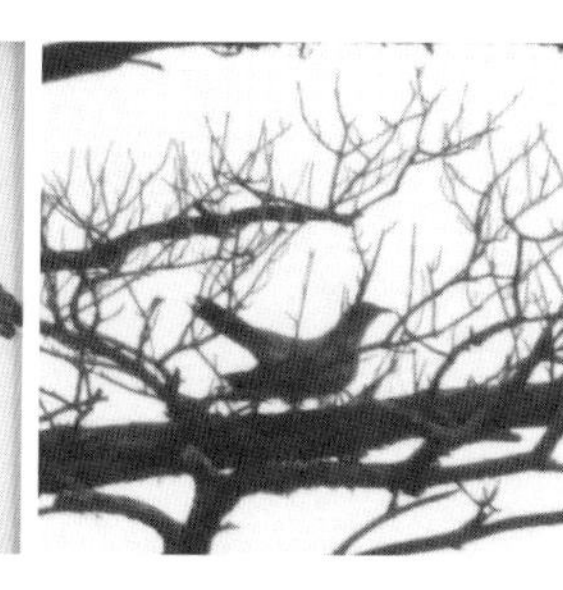

図3-17 カッコウはシャイな鳥で、声は聞こえても姿はなかなか見られない。ツバメもカッコウに托卵にされることがあるという。左のイラストはGould (1873) The birds of Great Britainより。右の写真©森本元。

つかると思います。

なお、ツバメが他の鳥と一緒にカラスなどを警戒しているところを見かけたことがある人もいると思います。実際、他種の警戒の声を流すとツバメの仲間が反応して警戒を強めるという報告もあります。そのため、お互いが完全に独立して行動しているというよりは、食われる立場にある鳥の間で捕食者情報を共有して、有効活用していると言えそうです。次の章で説明するように、警戒時に種内でときに協力し合うこともあるようなので、ひょっとすると種間でも活発に情報伝達して、お互いに協力的な関係を築いているのかもしれません。

「寄生虫」との関係

ここまで、ツバメとは独立に生きている「他種」について扱ってきました。種間関係というと、ついこうした生物に目がいってしまいますが、もちろんこうした生物が全てではありません。ツバメ自体が生物の住処(すみか)となっていて、ツバメの体の上、また体の中にも、さまざまな生物が暮らしています。これらの生物との関係もまた重要です。

普段、遠くから鳥を眺めていると、鳥の体にそんなにさまざまな生物がいることに気づかないかもしれません。ペットを飼っている人も、室内飼いにせよ、外で飼っているにせよ、わりとクリーンな状態を維持しています。むしろ、ちょっとでも寄生虫が見つかると、「うわっ、対策しなきゃ」とすぐに動物病院に行ってノミ取り剤などをもらって対処するものです。私も昔、インコやキンカチョウを飼っていたことがありますが、いずれもわりとクリーンで、特に対策しなくとも大した寄生虫は出ませんでした。こういうイメージがあるので、つい、野生動物も同じようにクリーンに生活しているものと思ってしまいますが、実際に野鳥を捕まえてみると、寄生虫が1つもついていない鳥はいないと言っていいぐらいです。

大きめのシラミバエ（図3－18）やノミといったものはともかく、ダニやらシラミやら、野生動物はいつも誰かが体の上を這い回っています。10匹、100匹単位ではなく、千とか万とか、そういうレベルでたくさんいます。調査でツバメを捕まえるとこちらの手に登ってくるの

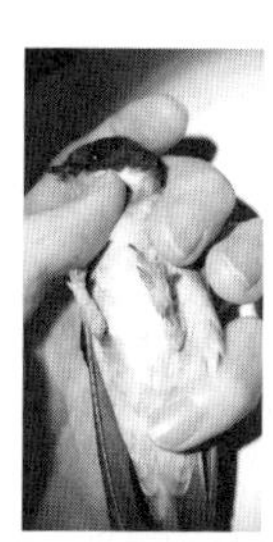
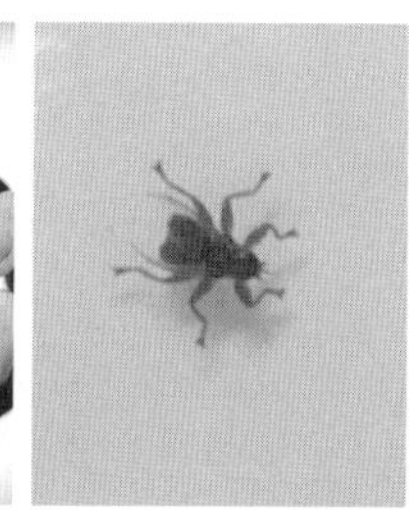

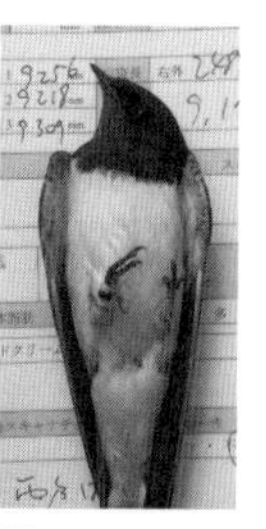

図3-18　イワツバメとイワツバメについていたシラミバエ（左）。普通のツバメについているもの（右）とは種類が異なる。シラミバエは口絵21も参照。

で、思わずゾワっとすることもあります。ダニは巣から大量に這い出していることもあるので、家にツバメの巣がある方はよくご存じかもしれません。普段野生動物に接していないと（ダニだけに）予想だにしないかもしれませんが、彼らにとってはいたって日常です。

こうした寄生者たちは小さいですが、宿主の鳥に大きな影響を与えることもあります。大群で血を吸われれば当然余計に栄養をとらなければならなくなりますし、体の上についた寄生者が体内に巣食う寄生虫や病気を媒介することもあります。羽毛を食べるハジラミのような生物もいて（図3-19）、特に飛翔生活するツバメにとってはよくないことに、羽に穴を開け、飛翔能力をダウンさせてしまうことが知られています。実際、これらの寄生者たちの存在がツバメ類の進化に大きな影響を与えているという指摘もあります。

物理的に寄生虫を除去する羽づくろいや、免疫その他の寄生虫耐性もこうした寄生虫に対する分かりやすい対策なのですが、そもそも寄生虫自体に関わらなくて済むように既に寄生虫に罹患した相手を見分ける行動があることも知られています。寄生虫が直接確認できればよいのですが、基本

図3-19　ハジラミの一種。細長いタイプと丸っぽいタイプがいる（写真は丸っぽいタイプで、大きさは2㎜程度）。カラー版は口絵21参照。

的に寄生虫は羽毛の間に隠れていて見えないので、寄生虫がいるかどうか、区別する別のサインを使っていると考えられています（図3-20）。詳細は割愛しますが、寄生虫にやられると体調が悪化してしまうので、派手な羽毛を生やし、維持することができなくなります（第2章参照）。そこで、派手な羽毛をした相手を選んで付き合うことで、寄生虫にさらされるリスクを防いでいると考えられています。見方を変えれば、寄生虫がいるからこそ、同種間でのコミュニケーションに派手な羽毛が使われ、なるべく派手な羽毛の相手を選ぶことでますます派手な羽毛が進化することになった、ということです。

寄生虫自身がツバメの社会生活に影響を与えているという話もあります。あまり集団の密度が高くなると、注意していてもどうしても寄生虫にさらされるリスクが高まります。このあたりはヒトも近年のパンデミックなどで散々経験していることなので、よくご存じかもしれません。結果として、寄生虫は集団の密度を抑える要因になっているようです。餌の項目で、小さな餌を食べるものは集団生活をしがちだという説明をしましたが、その集団の大きさを決めているのが寄生虫だという報告も

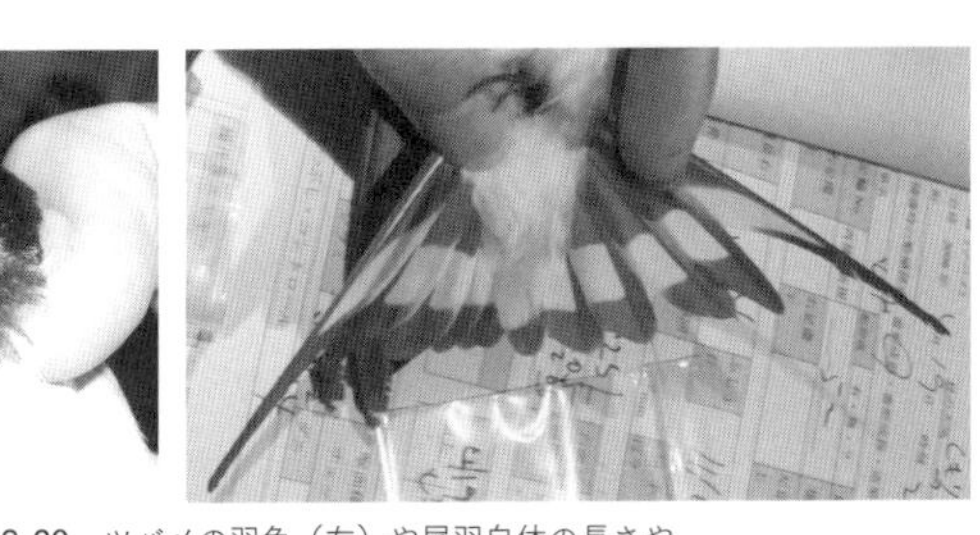

図3-20 ツバメの羽色（左）や尾羽自体の長さや白斑（右）、またさえずりも体調を反映している。

あります。集団生活は利益もあれば、寄生虫への感染しやすさといったコストもあります。1つの要因だけ見ていては、どうして対象の生物が特定の行動や生態を示すのか分からないこともありますが、こうした複数の要因の総合的な作用によって、生物は現在見られるような特徴を示すのかもしれません。私たち自身の行動、たとえば家選びも1つの要因だけで決まらないのと同じです。マンションなどの便利な集合住宅に住むか、一戸建てに住むか、いろいろな要因を考慮して総合的に判断することになります。

敵か味方か

ここでは「寄生者」と単純化して説明してきましたが、厳密には体にすむ生物が敵なのか味方なのか、分かりづらい場合もあります。たとえば、ツバメの羽の上にはウモウダニという微細なダニがうろうろしていますが（図3-21、口絵21参照）、これは血液を吸うスズメサシダニなどの仲間と違って、羽毛上のゴミなど

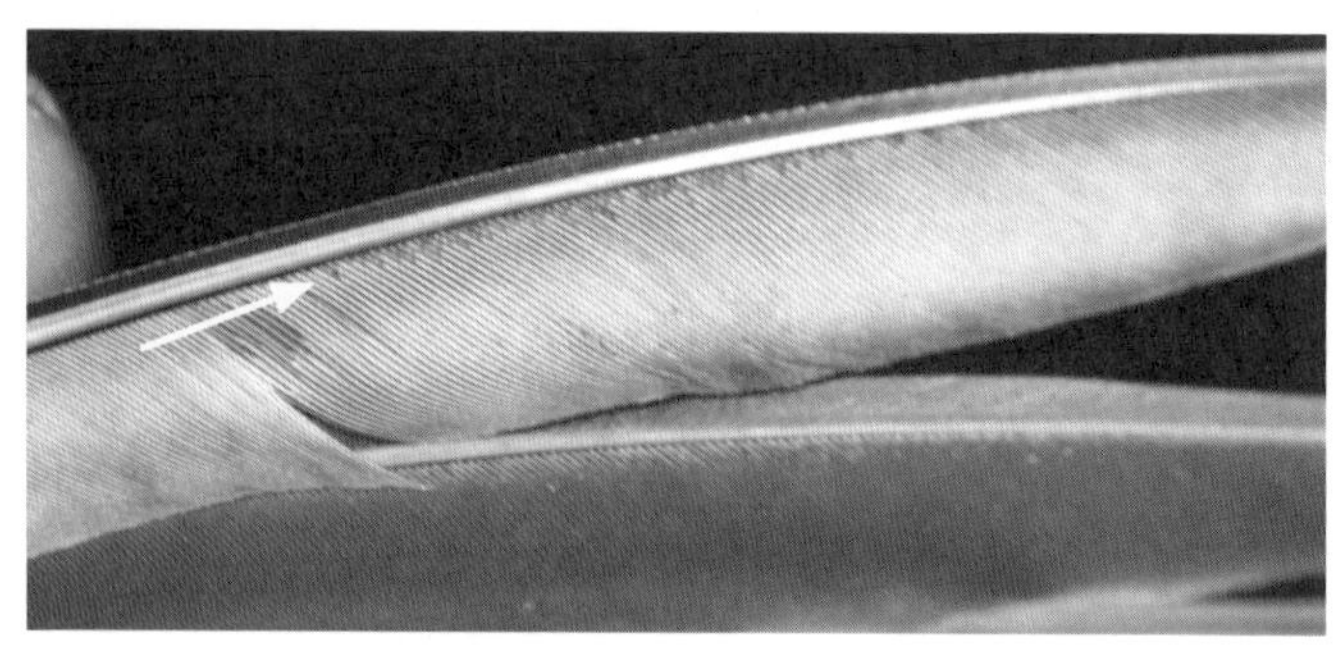

図3-21　ツバメの翼（裏面）についたウモウダニと見られる生物の群れ（矢印で示した羽軸の際に沿って見られる小さな点々）。鳥の羽毛にすみ、余分な皮脂などを食べる。

を食べているだけなので、直接的な被害はほとんどありません。むしろ、余分な皮脂などを食べてくれるので、ツバメたちにとっては利益があり、共生関係にあるのだとも考えられています。ダニは鳥にくっついていることでご飯にありつけ、鳥はダニがいてくれるおかげで清潔に保たれる、というわけです。実際ツバメの種類によっては、ウモウダニがいっぱいいる鳥ほど生存確率が高かったという結果も出ています。前述の協力の項目のところでは、自由生活している生物同士の関係を主に見ましたが、こうした小さな生物まで含めると共生関係はたくさん見つかります。

「へー、野生動物にはそんなのもついているのか」とひとごとのように思いたくなりますが、私たちにも通称「顔ダニ」として知られる生物がくっついています（図3-22）。聞くところによれば、顔だけで数百万匹ついているそうです。増え過ぎるとニキビの原因になることもあるそうなので悪者と思いがちですが、前述のウモウダニ同様、普段は余分な皮脂などを食べ

Demodex folliculorum

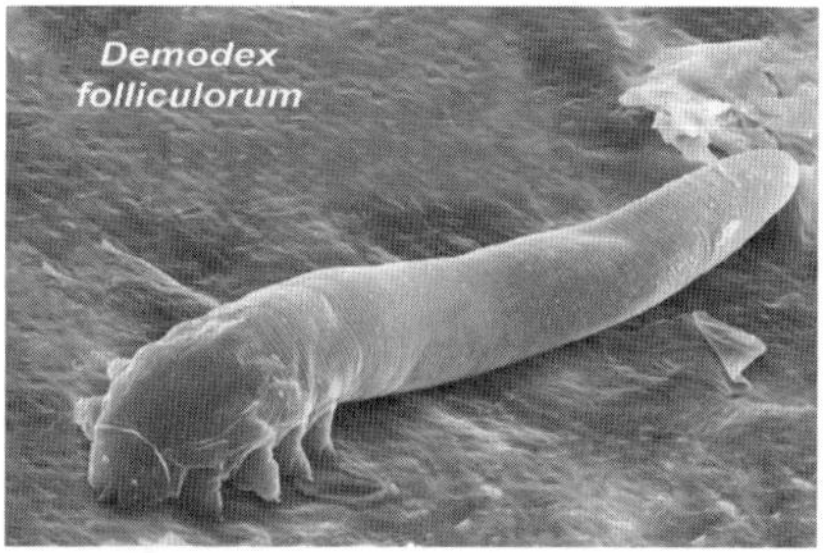

図3-22　通称「顔ダニ」。ヒトの顔の毛穴にすみ、余分な皮脂を食べる。形態やゲノム情報から、ヒトの毛穴に合った進化を邁進していると考えられる。Palopoli et al (2014) BMC Genomicsより。

る特に悪さをしないダニです。１㎜にも満たない小さなダニですので気にする必要もありませんが、気になる人はぜひ調べてみてください。

こういった生物は、なんとなく、海で他の魚の体についているホンソメワケベラのような掃除魚をイメージさせます。ホンソメワケベラは自由生活していて、寄生虫を主にとってくれる魚ですので、簡単に当てはめるのはおかしいかもしれませんが、どちらも他者の体の上のものを本人に代わって掃除してくれる生物です。ホンソメワケベラも場合によっては相手の魚（の一部）をわざとかじって食べてしまうことがあり、相手に被害を与えることも知られているので、簡単に共生なのか寄生なのか、判断が難しいところもあります。人間関係も状況次第で相手が敵になったり味方になったりするのと同じです。

腸内フローラ

有益なのか、有害なのか、簡単に割り切れないのは体表でもぞもぞしている連中だけではありません。もっと顕著なのが、腸内にすんでいるいわゆる「腸内フローラ」だと思います（図3－23）。実際のところツバメも他の多くの動物と同様、腸内にさまざまな微生物がすんでいるのですが、彼らがどういった意味があってそこにいるのかはこれまでよく分かっていませんでした。いわゆる「寄生虫」のようなわりと大きめの生物であれば、直接観察することでどういった行動をしているのか、たとえば血を吸っているのか、ゴミを食べているのかなどが分かるのですが、ある程度より小さい生物は存在することは分かっても、何をしているのか、どういった影響を宿主に与えているのかまでは見えてこないためです。何者かがいることが分かっても、それが誰なのかも大概は分かりませんでした。

事態が大きく動いたのは、最近になってからのことです。近年の分子生物学の発達により、腸内に実際どういった生物がいるのか、遺伝子から簡便に分かるようになりました。これまではたった1種の生物がいるかいないか、特定の遺伝子のマーカーを使って知ることすら大変だったのですが、技術革新によって、ほんの少しの遺伝子の断片からでも誰がそこにいるのか、同時に、たくさんの種類について、簡単に分かるようになりました。池の水をコップ一杯すくえば、そこに含まれている遺伝子情報から、池に

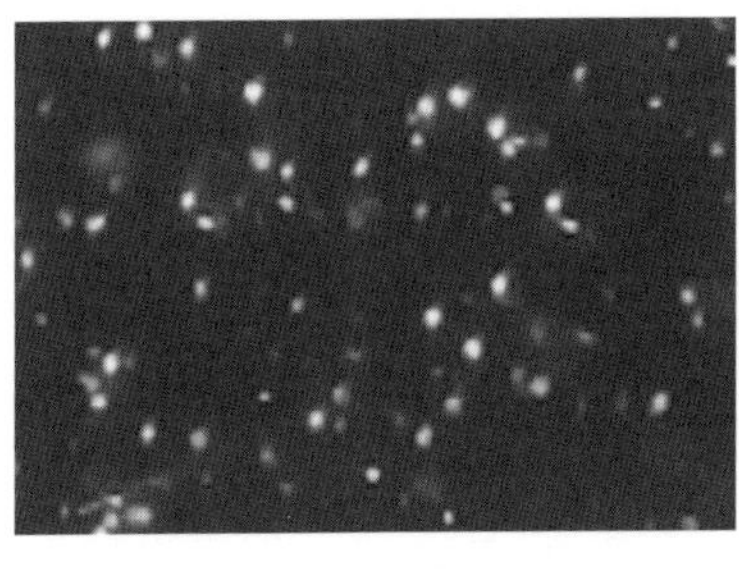

図3-23　ツバメの消化管にいる微生物群集（集団）。位相差顕微鏡で生きたまま見ると、それぞれが動いていてきれい。

何がいるのか分かるという話を聞いたことがある方もいるでしょう。同様に、既に遺伝子配列が分かっている生物のリストと照らし合わせることで、腸内にいる細菌その他の生物集団全員の素性もすぐ分かるようになりました。誰がいるのかが分かれば、あとはなんとかなります。どういう生物（集団）を腸に宿している鳥がどういう特性を示すのかを調べれば、腸内フローラ自体の意味がより手軽に分かることになります。

腸内フローラについては、ヒトでもわりと取り沙汰されるので、ご存じの方も多いと思います。腸内フローラという専門用語は知らなくとも、「ヨーグルトなど、ビフィズス菌を含む食品はお腹によい」、あるいは「プロバイオティクスを摂らないと」という言葉を聞いたことがある方もいることでしょう。ビフィズス菌が腸内フローラを構成する生物で一番有名かもしれませんが、プロバイオティクスなど、いわゆる善玉菌と呼ばれるよい影響を与えてくれる生物（群）を取り入れるべきだという話も、ここのところよく取り沙汰されます。

フローラなしでは暮らせない

もちろん、腸内にはヒトにあまりよくない影響を与える生物、たとえばＯ１５７で有名になった出血性大腸菌の仲間などもいますが、こうした悪玉菌が増えないためにも、腸内環境を整えることは大事なこととされています。私たちは腸内に他の生物がいることも知っていますし、彼らが宿主にとっていい影響を与えてくれていることも知っています。こうした影響は最近ブームになった本、たとえば『あなたの体は９割が細菌』などでも一般に知られるようになってきたので、わりとヒトの社会では市民権を得てきた気がします。

「腸内に別の生物がすみ着いているなんて気持ち悪い」と思う方もいると思いますが、病気や抗生物質で腸内フローラが激減したり改変されたりすると恐ろしい影響が現れることが前述の本には記してありますので、興味のある方はぜひお読みいただければと思います。潔癖な人は体内にすむ生物を悪者ばかりだと決めつけて、抗生物質で根絶やしにしたくなるかもしれませんが、実際に根絶やしにするとかえって腸内環境が悪化し、その後フローラを自然に取り戻すことができなくなってしまいます。コアラが親のウンチを食べて腸内環境を整えることで毒のあるユーカリを安全に食べられるようにするように、他人の糞をもらえば解決することもあるようですが、潔癖な人はそちらの方が嫌でしょう。体の中に他の生物がすんでいると聞くと、つい排除したくなるかもしれませんが、ヒトは単独で生きているわけではなく、他の生物が存在してこそ生きていけることをきちんと認識して、彼らを大事にしていくべきだと思います。

「犯人」がいるとは限らない

同じことは、もちろんヒトだけでなく、ツバメを含む他の生物にも当てはまります。健全な腸内フローラをもつことは、ツバメが健康に生活していくのに欠かせないようで、極端に偏った腸内フローラをもつツバメは生存率が低いという報告もあります。本章ではここまで特定の生物同士の関連を扱ってきたので、つい犯人探しをしたくなるかもしれません。極端な腸内フローラをもつということは、その中に誰か犯人がいて、その犯人のせいで生存確率が下がってしまう、という考え方です。しかしながら、こうした見方は物事を単純化し過ぎています。特定の細菌が問題というよりは、安定した腸内フローラをもてるかどうかが大事なのかもしれません。

この考え方は、友人付き合いをイメージすると分かりやすいと思います。たとえば「AさんとBさんは一緒にいるとすぐ悪さする」といった、相乗効果をもった友人関係です。学校の先生はこうしたことを経験的によくご存じで、あまりにひどい場合はクラス替えの時に強制的に分けられてしまうこともあるそうです。逆に、AさんとCさんが一緒にいると、それぞれ別々にいた時より、クラスの雰囲気がよくなるなどプラスの作用がある、ということもあります（漫画『ちびまる子ちゃん』的に言えば、大野くんと杉山くんのようなイメージです）。つい、物事を単純化して、集団の行動が究極的には個人の意思決定に還元できると思い込みがちですが、集団の組成自体が個人の行動を変えるため、同一人物でも異なる集団に属すれば全然違う挙動を示すこともあります。ここでは分かりやすいように2人の相互作用の例を出しましたが、もっと多数が絡んでしまうと、もう原因を絞り込むことはできなくなります。

同様に、特定の生物そのものが原因というわけではなく、集団の組成が大事ということもあるようです。全体としてよい組成を保っていれば、多少悪さをする菌や細菌などがいても問題ないのかもしれません。そもそも生物が細胞を獲得した理由についても、細胞を構成する各自が単独でいるよりも、協力して分業化することで一連の「系」を効率よく回すことができるためだとする考え方もあります（図3-24）。ヒトの腸内フローラにしても、ヒト自身が作り出すことのできないビタミンを合成し、食物繊維を分解し、またそれによって間接的に別の種類の細菌が悪さをするのを抑えている、という話もあります。餌の項目でも見たように、1つの生物種は直接的な効果と間接的な効果で、生物群集（集団）全体に複合的に作用します。特定の生物を敵か味方か安直に分けるのは浅はかです。

本章では、ツバメと他種との関わりを見ました。相手のサイズも、関わり方も、ツバメに与える効果もさまざまです。こうした種間の関わりは当事者に影響するだけでなく、直接関わりのない他の生物にも間接的に影響を与えます。表面的な二者間の関係だけを見て、敵か味方か判断することは避けるべきで、同じ生物も状況次第で敵になったり、味方になったり、

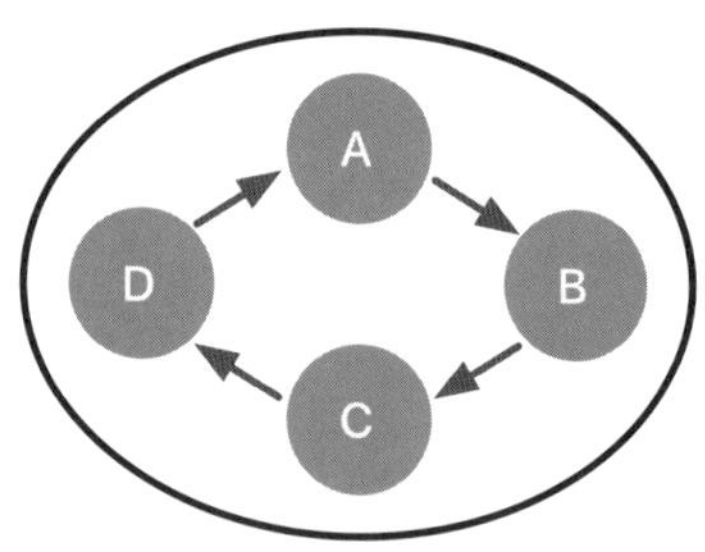

図3-24　細胞をもつ生物は構成要素が協力することで誕生したのかもしれない。たとえば、AはBに必要な物質を、BはCに必要な物質を、CはDに必要な物質を、DはAに必要な物質を供給することで助け合って効率よく生きていける（彼らが別々に暮らすとこうはいかない）。Bergstrom & Dugatkin (2016) Evolutionをもとに作成。

見えないところで全然違う効果を与えていたりとさまざまです。ハブとマングースの悪趣味な対決ショーに感化され、マングース*を放って大惨事になった例をご存じの方もいるでしょう。

ときに味方に、ときに敵になるのは、同種内の他個体も同じです。次章ではツバメたちの社会環境と彼ら自身の社会との関わりについて見てみたいと思います。

***マングース**　奄美大島ではハブ退治と称してマングースが導入されたが、毒蛇のハブを食べるどころかアマミノクロウサギなどの固有種を食べて地域の生物相に大打撃を与えてしまったことで知られる。浅はかなアイデアのために、導入されたマングースも全て殺されることになってしまった人災。

ボクの「生物学」武者修行

私は大学院時代からツバメの研究を続けていますが、ツバメだけを研究しているわけではありません。他の生物、たとえば、マダガスカルのオオハシモズという適応放散した鳥の仲間を調査したり（第3章参照）、ときにはチンパンジー社会の革命を研究したりもしています。1つの生物だけ見ていると見方が偏ってしまうので、多くの研究者同様、見識を広めながら研究能力を磨いていることになります。実際、いろいろな生物を知ることで、生物間の違いを実感し、対象生物の特徴にも気づきやすくなります。

本文中ではツバメの話ばかりしているので、（感覚が麻痺して）ツバメのユニークな生き方や世界観を当たり前に感じてしまうかもしれません。そこで、このコラムでは趣向を変えて、私が博士号取得後にしばらく携わったメキシコマシコの話を紹介したいと思います。そうすることで、メキシコマシコのユニークなところ、またメキシコマシコとの違いを通じて、ツバメのユニークなところも見えてくると思います。メキシコマシコの研究ではアメリカ合衆国の大御所研究者に指導していただいたので、私にとっては日本を離れて武者修行に明け暮れた日々の記録でもあります（ちなみに本コラムのタイトルは世界的指

ツバメ豆知識 1

揮者の小澤征爾さんが書かれた『ボクの音楽武者修行』にリスペクトを込めてあやかったものです)。

私の場合は武者修行が社会的な成功につながったわけではないので今一つ盛り上がりに欠けるかもしれませんが、研究者としての世界観を広げることになったのは間違いありません。本書は（研究される）鳥側の世界観をメインに扱ったものですが、研究する側の世界観を広げることもまた、研究される側の世界観を明かしていくのに欠かせないものです。

メキシコマシコの日本での知名度は低いと思いますが、アメリカでは普通にその辺りをうろうろしていて、日本のスズメなみにたくさんいる鳥です。数が多ければ研究もしやすいので、現地では生態学の研究でもよく扱われていて、興味深い発見がいろいろと報告されています。

メキシコマシコのオス。種子食なので写真のように餌で簡単に誘引できる。

なかでもおもしろいのが、オスの羽色が黄色から赤色までバリエーション豊かで、赤いオスほど異性にモテる代わりに喧嘩に弱いという報告です。（ツバメとは違って）メキシコマシコは餌として摂取したカロテノイド色

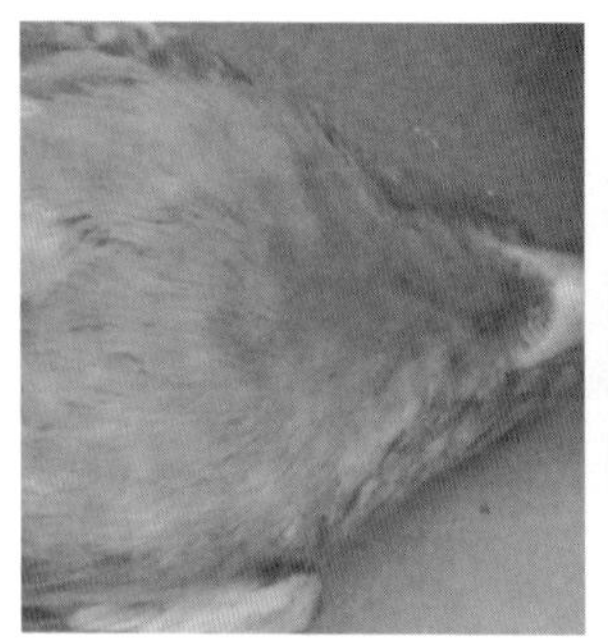
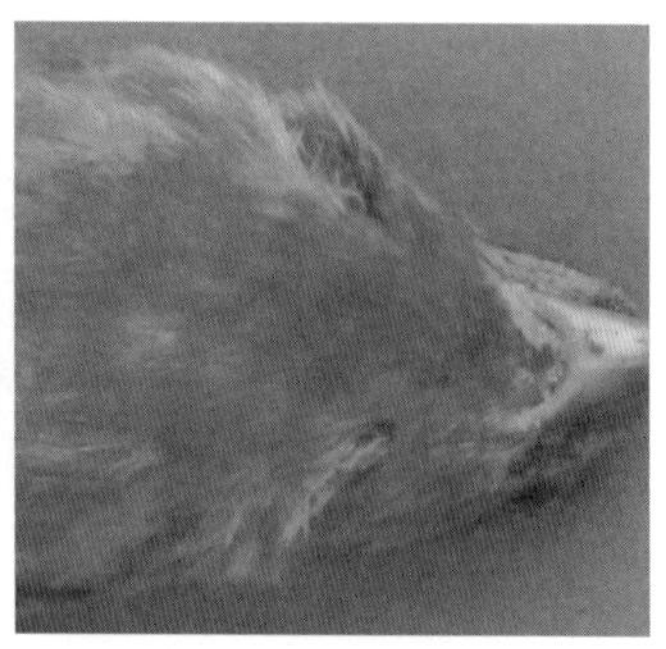
繁殖期のメキシコマシコのオスの喉を拡大した写真。羽毛に含まれるカロテノイド色素によって、羽色は黄色からオレンジ、赤までバリエーションに富む。カラー版は口絵15参照。

素が多いほど赤くなるので、赤いオスが異性に好まれることは感覚的に受け入れやすいと思います。メスとしては、食い扶持(くいぶち)に困らない優秀な夫を選ぶことで、自身の子孫も優れた採餌能力を受け継いでいくことが期待できます。

一方で、喧嘩のパターンは少し意外に感じるかもしれません。餌を効率的に摂取できる優秀なオスほど喧嘩に強そうに思えますが、予想に反して喧嘩に弱くなってしまっているためです。どうしてこのようなパターンが現れるかについては、専門用語で「負のハンディキャップ」と呼ばれる仕組みで説明できます。負のハンディキャップはツバメのヒナでも見られる現象で、状態の悪い鳥ほど競争に勝った時の利益が高いために、（結果的に）競争に力を注ぐことになる

ツバメ豆知識 1

というものです。

ヒナの場合は、お腹がすいているヒナほど餌をもらった時の利益が高いので餌をもらえるようにがんばって親にアピールすることになるし、メキシコマシコのオスの場合には質が低い（つまり色が地味な）オスほど資源を手に入れた時の利益が大きくなるので、攻撃的に振る舞うことになります。逆に、質の高いオスは何も危険を冒してその場の勝負にこだわる必要がないとも言えます（あっさり負けておいて、次の機会を探せばよいだけです）。こうした直感に反する行動はよく調べるとおもしろいことが分かってくることが多いので、生態学では人気の研究テーマになっています。

「このテーマに取りかかるため、アメリカに渡った」と言えればカッコよかったのですが、私がメキシコマシコを調べることになったのはただ運がよかっただけです。当時、私が所属していた研究室の大学院生がアメリカ留学することになり、たまたま

アオジャコウアゲハ。アメリカに行ったそもそもの目的はこのチョウの研究の手伝いだった。幼虫の食草を砂漠にとりに行ったり、捕虫網を持って成虫を追いかけたりで、これはこれでおもしろかった。写真©佐々木那由太。カラー版は口絵16参照。

その時手伝いに行けるのが私だけで、たまたまその留学先（アリゾナ州立大学）にメキシコマシコ研究の大御所がいたおかげで、メキシコマシコ研究に着手することになります。もちろんその先生がどこの馬の骨かも分からない私を寛大に受け入れてくれたおかげですが、大事な局面というのは案外運が大事になってくるのかもしれません。

その後、半年間の研修ビザを取得して研究をスタートさせたわけですが、今思うととても満ち足りた日々でした。ただひたすら研究のことだけ考え、先行研究の論文を読みあさり、実験のデザインを考え、早朝から実験しては結果をまとめ、また次の実験デザインを考えていく。先生も一流、学生も一流、施設や管理も一流で、最高の研究環境です。周りから見ればお荷物以外の何ものでもなかったと思いますが、みな温かくサポートしてくれたおかげで、研究に専念してがむしゃらにがんばることができました。

結局、メキシコマシコについて自分で実験して分かったのは、前述の負のハンディキャップは全てのメキシコマシコ集団に共有されているわけではないということでした。ていねいに調べてみると、これまでの研究にも使われていた「都会暮らし」のメキシコマシコでは確かに負のハンディキャップが見られるのですが、「田舎暮らし」の元々の集団にはそうした特性が見られなかったためです。おそらくこうした特性は都会に出て、残飯や餌台

ツバメ豆知識 1 

で餌を簡単に得られるようになって競争が弱まり、（優秀な）派手なオスはもう雄間での闘争に明け暮れる必要がなくなったために生じたと考えられます。アリゾナで都市化が進んだのはせいぜいここ数年、長くても数十年に過ぎないので、その間に鳥の行動や社会的な関係が生息環境の変化に合わせて劇的に変わったということになります。生物の行動や社会は長い時間をかけて確立されると思い込んでいた私にとって、まさしく目から鱗の発見でした。

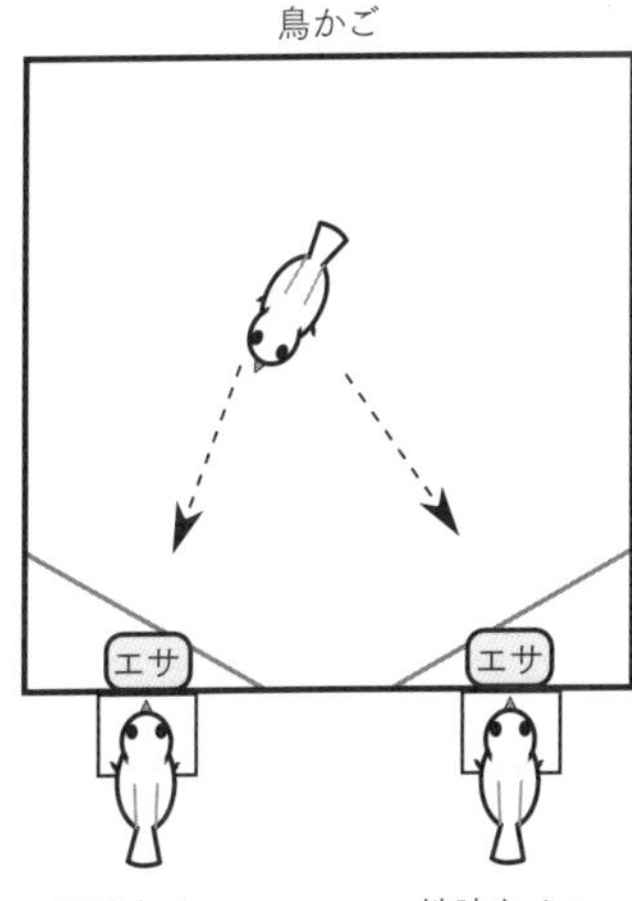

メキシコマシコの研究で採用した実験デザインの1つ（鳥かごを上から見た図）。ツバメと違って飛翔力が低いので、容易に飼育して実験できる。Hasegawa et al（2014）Behav Ecolの図を簡略化して表示。

研究そのものの結果もさることながら、日本にいたままだと一生得られなかった「ものの見方」を獲得したという実感にあふれた武者修行でした。メキシコマシコがツバメと全く違う生き方をすることもまた比較対象としてよかったのかもしれません。たとえば、ツバメの雄間闘争など正直よく分かりません。ツバメの場合は赤いオスがよいなわばりを確保することから、赤いオスほど闘争に強いことはなんとなく分かるのですが、行動範囲が広過ぎてメキシコマシコのように目の前で手にとるように実験することなど不可能です。メキシコマシコは文鳥（ブンチョウ）などの飼い鳥と同様、種子食なので簡単に飼育でき、都会出身の鳥と田舎出身の鳥で「戦闘力」を直接比較することさえできます。

研究する側の世界観がいかに大切か思い知ったのも、このメキシコマシコの研究に携わった時です。初めに現地の先生に「雄間闘争に興味がある」という話をした時に「それなら研究室で今都市化の研究プロジェクトを進めているから、こういう風に考えてみてはどうか」とアドバイスされ、（……なるほど、これなら結果がどう転んでもおもしろいことが分かりそうだ）とワクワクしたことを覚えています。研究対象生物の特徴を活かし、テーマを見据えて研究を進めることで、（対象）生物の理解が段違いに進むように思います。

もちろん、本来の目的だったチョウの調査も、当の大学院生とともに砂漠に幼虫を捕まえに行き、サボテンが足や手に突き刺さって悲鳴を上げたり（園芸用に出回っているサボテンと違って針に返しがついているので簡単に抜けないし、とても痛い）、ガラガラヘビ

ツバメ豆知識 1

アリゾナの砂漠域の風景。メキシコマシコやアオジャコウアゲハはもともと砂漠域にすむ。カラー版は口絵16参照。

に出くわして逃げ回ったり、調査後にみんなでご飯に行ってあれこれ話し合ったりで、なかなかおもしろかったです。はっきり言って英語もヘタクソで、研究の能力に至っては下の下という状態で武者修行に挑みましたが、行ってよかったと思います。もし「自分なんかが行ってもいいのだろうか」と留学や新しいチャレンジを前に悩んでいる読者がいたら、ぜひそんなことに苦悩せず、思い切ってトライしてほしいです。

第4章

ツバメのソーシャルネットワーク

ツバメの社会

ツバメはいわゆる「一夫一妻」*の生物として知られています。実際にツバメの巣をしばらく観察すると、オスとメスがペアになって巣作りや子育てをしていることが確認できると思います（図4-1、雌雄の違いについては付録3参照）。生物のなかには一夫多妻や一妻多夫、多夫多妻などといったややこしい繁殖をするものもいるので、「一夫一妻ならわりと単純な社会だな」と思ってしまうかもしれません。動物の本や図鑑に親しんでいるほどそう思ってしまいがちなのですが、「一夫一妻＝単純な社会」というのはさすがに飛躍し過ぎです。

ヒトも基本的には一夫一妻ですが、社会システムはかなり複雑ですので、一夫一妻であることがすぐさま単純な社会をもたらすわけではありません。ヒトも他の動物も、婚姻システムだけでなく、親戚付き合い、地域の交流、交友関係など、さまざまな関わりによって総合的に社会を形作りますので、婚姻システムだけでは彼らの社会全体を捉えることはできません。たくさんの鳥が紹介されている図鑑などでは「ツバメの社会は一夫一

*一夫一妻　分野によっては一夫一婦制など、さまざまな呼び方があるが、ここでは一夫一妻を使う。

図4-1　巣作り中のツバメのオス（巣の縁）とメス（巣の中）。

妻」で味気なく終わってしまうこともありますが、この本はツバメの本ですので、彼らの社会についてもう少し深く掘り下げ、彼ら自身が味わっている社会環境をのぞいてみたいと思います。

一夫一妻

まずはツバメの一夫一妻についてざっと紹介したいと思います。基本的にツバメの一夫一妻はヒトや他の多くの鳥類の一夫一妻とそこまで大きく変わりませんが、ここでひと通り紹介することでツバメ社会がイメージしやすくなると思います。

せっかくですので、オス目線で順を追って紹介しましょう。まず、渡りを終えて繁殖地に到着したら、オスはなわばりを構えてがんばってメスに求愛することになります。求愛に成功すれば、以降はそのメスと一緒に古巣を使ったり、新しく巣を作ったりして繁殖を開始します（図4－2）。もちろん求愛に失敗し続ければ、独身のまま過ごすしかありません。求愛に成功したオスは繁殖に専念するものと思いがちですが、配偶者がいなが

図4-2 巣材を調達するツバメ。まずは巣を完成させて、それから繁殖を開始することになる。

ら別のメスともペアになろうと求愛するオスもいます。ただ、実際に一夫多妻になることはまれで、98％のオスは一夫一妻で繁殖すると言われています。

ひとまずオス目線で始めていますが、ひょっとするとメス目線での展開を期待される方もいるかもしれません。配偶者のいるオスが求愛を続けるなら、ツバメが一夫一妻なのはメス同士の争いが原因なのではないかと予想される方もいるでしょう。どんなにオスが一夫多妻を望んでも、配偶者が新たなメスを追い出してしまえば必然的に一夫多妻は実現不可能になります。実際、ツバメの仲間でも繁殖の機会にありつくメスは攻撃的だという話や、普通のツバメでもメスが略奪婚をして、前のメスを追い出してその卵も壊してしまったという報告があります。私たちが試しにペアにメスの模型を提示した時もすぐメスがやってきて攻撃を始めたことから、案外メス間ではシビアなやりとりがなされていることが伺えます（図4-3）。まるで中国史や日本史に登場する正室と側室のドロドロした争いのようですが、残念ながらあまり研究は進んでいません。メスの争いの重要性が分かるのはまだ先のことになりそうです。

図4-3　メスの模型（右下）を攻撃するメス（右上）。ペアのオス（左）は我関せず。

配偶者のメスが無事に卵を産むと、オスも子育てに参加します。ツバメの仲間はどの種も雌雄でかいがいしくヒナに餌を運ぶので、子育てを見るのを楽しみにしているという方も多いと思います。ただ、オスが子育てに全面的に協力するかというと、そうとも言えません。ツバメの仲間でも種によっては抱卵などの世話をオスが手伝わない場合もあります。たとえば、抱卵に関して言えば、日本で繁殖するツバメの仲間ではショウドウツバメ、イワツバメ、コシアカツバメはオスが手伝うタイプ、リュウキュウツバメはオスが手伝わないタイプと言われています。

普通のツバメは地域によって抱卵の仕方が変わるので特にややこしいのですが、ヨーロッパではメスのみが抱卵し、日本ではオスも抱卵を手伝うことが知られています。男女平等の現代日本で父親の子育てを「手伝い」などと表現すると「自分の子を育てるのだから、主体的に取り組まんかい」と怒られそうですが、ツバメの子育てではあくまでメスが主力で、オスはその手伝いに過ぎないようです（図4-4）。オスの抱卵時間は日本でも全体の割合にして6％ほどに過ぎず、残りの94％はメスが抱卵します。

なお、ヒトもそうですが、子どもたちが家を出た瞬間に子育てが終了す

図4-4　抱卵するメス（巣の中、翼と尾羽のみ見える）と様子を見にきたオス（巣の縁）。カラー版は口絵31参照。

るわけではありません。ヒナが巣立ちした後にもオスはヒナが独立するまでメスと子育てを続けます。いつ独立するかは場合によるようですが、普通のツバメに関して言えば、巣立ち後もおよそ1週間程度は餌やりなどの世話を続けるとされています。巣立ち後もしばらくヒナは巣の近くで生活しますので、巣立ったヒナが夜に巣に帰ってきて寝ていることもあります。

ヒナが独立した後も静かな余生は期待できません。ヒトと違って、ツバメは種類によっては1年に2回、3回と繁殖を重ねていきます。これは普通のツバメも同じで、1回の繁殖でだいたい4〜6個ほどの卵を産むので1年に10羽ほどのヒナが巣立つこともあります。「1年でそんなに巣立つのなら、あっという間に地球上をツバメが埋め尽くしてしまう*のではないか」と思うかもしれませんが、巣立っても無事に戻ってこられる確率は数%に過ぎず大半は死んでしまうため、世の中がツバメまみれになることはありません。

年内に繁殖を重ねる際は、基本的に同じペアで繁殖しますが、巣の捕食（第3章参照）などによって繁殖が失敗した場合は配偶者を変えることもあります。ペア単位で繁殖イベントが進行すると思ってしまいがちなので

＊地球上をツバメが埋め尽くす　生物が産む子の数が生き残る子の数を大きく上回ることは18世紀の経済学者トマス・マルサスが著書『人口論』ですでに指摘していて、チャールズ・ダーウィンが自然選択による進化の理論（いわゆる進化論）を構築するヒントになったという。

すが、オスとメスはあくまで自分自身のために繁殖しているので、条件が合わなければ離婚して別の道を歩むことになります。ちなみに、同じツバメは同じ場所を使い続けると思っている方も多いのですが、繁殖が失敗した後などには、近所の別の家に引っ越して繁殖し直していることもあります。

繁殖が成功した場合も、翌年の繁殖時には配偶者が変わっていることが多いです。これはそもそものツバメの寿命が短いために起きてしまうことで、去年の配偶者が戻ってこなければ、違う相手と繁殖するしかありません。ツバメの寿命は平均すると1年半ほどしかありませんので、自分が運よく戻ってこられても、相手が戻ってくることは期待できないのが実情です（付録2参照）。相手が戻ってくるとしても、いつ戻ってくるか分からない相手を待つのは得策ではないので、どんどん新しい異性にアプローチをかけていくことになります（結果として、雌雄ともに戻ってきても、戻ってくるタイミングがずれるなどしておよそ半数は離婚します）。

お手伝いさん？

ツバメでは繁殖ペア以外に「ヘルパー」がまれに子育てを手伝うという話がありますので、聞いたことのある方もいるかもしれません。繁殖しているペアの他にヘルパーがひんぱんに子育てに参加する場合は、一夫一妻ではなく、「協同繁殖」というまた別の繁殖様式で呼ばれることもあります。しかし、ツバメの場合はこれには当たりません。ヘルパーの報告の多くは実際に繁殖を手伝っているというより、巣場所を探しているツバメや、繁殖の機会を伺っている周辺のツバメをヘルパーだと見誤ったものが多いと考えられています。ヒトで言えばたまたま来客があったのを目撃して「あのおうちは大家族だわ」と早とちりしてしまうようなものです。

なお、昭和の大家族のように、先に生まれた兄弟（たとえば1回目の繁殖で巣立ったヒナ）が後の繁殖を手伝うという話もあります。こちらは漫画『サザエさん』の主人公サザエさんがカツオやワカメの世話を焼いているイメージに近く、いかにもありそうに思えます。しかし、こうした報告もまた勘違いによることが多いようです。ツバメは最初の繁殖で巣立ったヒナが巣材を使って「遊ぶ」ことが知られていて、この巣材を口にくわえたりして巣の周りをうろうろしている様子が繁殖を助けているように見えたのだろう、と言われています（図4－5）。

もっと直接的なヘルパーの証拠として、親鳥以外の鳥がヒナに実際に餌を運ぶ例も観察されていますが、まれにしか見られないので、（ヘルパーが普通に見られるエナガなどの鳥に比べると）そこまで重要な役割は果たしていないようです（図4－6）。一夫一妻での繁殖はあまりに普通過ぎて、つい他の可能性を探りたくなりますが、あくまでツバメは一夫一妻が標準と捉えた方がよさそうです。ドラマ『家政婦は見た！』の主人公気分で、レアなシーンを目撃するとつい重要な秘密を握ってしまった気になりますが、その秘密が相手にとってどれくらい重要なことなのか、ということが大事なのだと思います。まれにヘルパーが出現することは、確かに協同繁殖に発展する余地はありますが、（進化的に）安定してヘルパーが見られるまでには至っていない、ということを意味しているのかもしれません。

図4-5　ツバメの巣立ちビナ。くちばしも黄色でまだ顔があどけない。燕尾も短い。口絵6も参照。

一夫一妻のねじれ

ツバメたちの社会が一夫一妻であることをここまでざっと紹介してきました。オスから見ても、メスから見ても、配偶者は一人しかいませんし、基本的にはヘルパーもつかないので、わりとシンプルな婚姻システムと言えそうです。ですが、子どもたち目線で見た時に、餌を運んできてくれる夫婦が単純に自分のお父さんとお母さんなのかというと、そうとも限らないことが分かっています。メスの浮気によって父親の違う子（いわゆる婚外子）がまぎれ込んでいることがあるためです。

ひと昔前までは、（鳥の種類にかかわらず）オスとメスがペアで子どもを育てているなら、巣の中にいるのはみんなそのペアの子どもだと信じられていました。しかし、遺伝子をちゃんと調べてみると、ほとんど浮気しない堅実な鳥から、ペアの半数以上が浮気して婚外子を作っている鳥まで、種によって、地域によって、実情はまちまちなことが分かってきました（図4－7）。子ども

図4-6　エナガ。繁殖にヘルパーがつく鳥として知られている。

たちの遺伝的素性から言えば、兄弟間でお父さんが違っていることもある、ということになります。社会的に一夫一妻として生活しているからといって、「遺伝的に」一夫一妻とは限りません。

ツバメの社会的距離

もちろん、オスとしては配偶者に浮気されてしまうと自分の子孫が減ってしまうことになるため、なるべく浮気されないように振る舞います。昆虫などではトンボのようにメスの首根っこを掴んで連れ回したり、オンブバッタのようにメスの背中に陣取って物理的に浮気を防いだりするものもいますが、さすがに鳥類ではそこまであからさまではありません。代わりに、鳥類では社会的距離（いわゆるソーシャルディスタンス）を縮めるというマイルドな手段をとることが知られています。メスの近くで目を光らせていることで、他のオスとの不貞行為を防ぐことができるというわけです。ただ、あまり近づき過ぎるとメスから攻撃されたり、寄生虫をうつされたりしてしまうので、ピッタリ張りつくというよりは、適度な距離を保

図4-7　ツバメの卵と孵化したヒナ。全員が同じオスとメスの子とは限らない。鏡でツバメの巣内をのぞいたところ。カラー版は口絵25参照。

つことになります（図4－8）。

この「適度な距離」は誰にとっても同じだろうと想像されるかもしれませんが、ちょうどよい距離は各自の利益とコストで決まってくるので、自分と相手との適度な距離が一致しない場合もあります。これは何も鳥に限った話ではありません。ヒトでも距離感の違いが表面化して、たとえば、「おじさんは距離感が分かってない」と若者からひんしゅくを買ってしまうことがあります。おじさんにとって特に脅威でもない若い人と距離をとる意味はないのですが、若い人にとってはおじさんが脅威になるので、もっと離れてほしい、という状況が時には生じるということです。私自身耳が痛いことでもありますが、単に自分を相手に置き換えて考えるのではなく、相手の立ち位置ではどうかということを意識しなければなりません。

ツバメで言えば、少なくともオスの立場とメスの立場は違うので分けて考えなければならない、ということになります。他の時期はともかく、メスの受精可能期（産卵前数日から卵を産み切ってしまうまで）は雌雄の立場の違いが際立ちます。オスは距離を詰めるこ

図4-8　電線に並んで止まっているツバメのペア。右がオスで左がメス。ツバメは雌雄で尾羽の長さが違うので、野外でも見分けやすい。カラー版は口絵24参照。

とで配偶者の浮気を防ぎやすくなるため、この時期には距離を詰めます。他の時期には離れた電線にとどまっていることもよくあるのですが、受精可能期はオスがメスのすぐ隣に止まることが多くなります（図4－8）。一方、浮気を阻止される側のメスに距離を詰める利益は特にありません。実際、メスがオスを追従することはあまりないので、雌雄がラブラブでお互い離れがたくて一緒にいるというよりかは、メスにとってオスは文字通り一方的につきまとってくるボディガード*に過ぎないようです。

ちなみにオスが受精可能期に距離を詰めるのは昼間だけではありません。夜間も受精可能期はオスがメスのすぐそばで寝ています（図4－9、受精可能期が過ぎると、オスはどこかへ行ってしまうことが多いです）。ツバメは昼間に活動するので、夜中に一緒にいることそのものは受精に影響しないのですが、同じところで寝ることで起床後すぐに相手の行動に合わせることができるのかもしれません。

図4-9 巣の中で眠るメス（右）と少し離れた場所で眠るオス（左）。

***ボディガード** 実際、こうした行動はメイトガード、日本語で配偶者防衛行動と呼ばれている（ヒトの結婚指輪も形を変えた配偶者防衛手段の1つだという）。

なお、同じ巣で一緒に眠るかどうかは状況によって変わります。同じなわばりの中に止まって眠れる場所がある場合はそちらを使って眠ることもありますし、あまりに寒い場合はそういう場所があっても一緒の巣で寝ていることもあります。第3章で見たように、お互いを湯たんぽ代わりにして体力の消費を減らすことができるのでしょう。受精可能期が過ぎても寒い日にペアが一緒に寝ているのを見ると、いつもは別室で寝ている夫婦が一緒の布団に潜り込んでいるように感じて、なんだかほっこりします。

ねじれのワケ

こうした浮気防止策をとっているのにもかかわらず、どうして遺伝的な一夫一妻が実現しない場合があるのか、不思議に思われるかもしれません。対策が有効に働いているのならどの種も遺伝的に一夫一妻でよいはずですし、もし対策が不十分だというならどの種も同じように遺伝的に一妻多夫になっていていいはずです。どうして種ごとにバラバラになるのでしょうか。

このことについて、最近ツバメの仲間で研究が進み、「オスの抱卵」が

1つの鍵になっていることが分かってきました。調べてみると、オスが抱卵しないツバメの仲間は、オスが抱卵するツバメの仲間に比べて婚外子の割合が3倍以上高いことが分かったためです。

どうしてこういうパターンになるかというと、抱卵しないオスは時間的に余裕があるので浮気をしやすくなるためだと考えられています。配偶者が卵を産み切って抱卵期に入っていれば（つきまとわなくても）婚外子ができてしまうことはないので配偶者を放っておき、自分が浮気に走ることができます。浮気される側のオスからすれば、がんばって配偶者を防衛していても、浮気の機会を狙っているライバルがたくさんいる状況では多勢に無勢で婚外子ができやすくなってしまうのかもしれません。事件は「ちょっと目を離した隙に」起こるものですが、実のところ配偶者が自発的に浮気に走っているという話もあります。がんばって防衛しようとしても、対象が協力してくれなければうまくいきっこありません。映画『ボディガード』の主人公の苦労もちょっと分かるような気がします。

なお、これに関連して、オスが抱卵しない場合には、異性にアピールするオスの艶美（えんび）な「燕尾」がメスより目立って長くなることも知られています（図4-10、口絵24も参照）。異性を誘引するのに使う特徴は燕尾だけではないので、燕尾と抱卵パターンの間に1対1の関係があるわけではないですが、異性を魅了する特徴が浮気しやすい状況で進化するのはもっともなことです。

結果として、ツバメの仲間はオスの抱卵という子育て行動がそのままメスの不貞行為（と遺伝的一妻多夫）にリンクしていることになります。そもそもなぜオスが抱卵する種としない種がいるのかなど、分からないことはまだたくさんありますが、理由はどうあれ、浮気をすることは「複雑な家庭環境」を作ることにつながります。

メスが浮気せずに遺伝的一夫一妻を維持すれば、家族とそれ以外という分かりやすい二分になるのですが、不貞行為によって遺伝的に一夫一妻でなくなってしまうと、もはや1つの巣でともに暮らす家族は1つの閉じた社会の単位としては機能しなくなります。オスとしては、自分が世話する巣にいる自分の子どもと、自分が世話していない巣にいる自分の子ども、それに、自分が世話する巣にいる血のつながりのない子どもがいることになります。自分と同じ環境で過ごす家族かどうかだけでなく、いわゆる血

図4-10　燕尾の長いオスのツバメ。

の濃さも大事になってくることになります（図4-11）。

血縁淘汰の世界

血の濃さが社会的な関係に影響することは、なんとなく分かると思います。童話『シンデレラ』にせよ、映画『ハリー・ポッター』にせよ、義理の家族にいびられる主人公の例にはこと欠きません。何か事件があった時に実の父親が犯人だったりすると「実の子になんてことをするんだ」とテレビでコメンテーターが憤っていることもありますが、裏を返せば、実の子は他の子と扱いが違って当然、とも読めます。もちろん、血のつながりがないと幸せになれないなどということはありませんが、これだけ平等で多様な生き方を推奨する世の中にあってさえ、血のつながりが何か特別なものだということはなんとなく受け入れられているように思います。

生物学では、血の濃さがそこまで大事な理由の1つを、血縁淘

図4-11　社会的に一夫一妻として振る舞っていても、メスが他のオスと子を作ってしまうと巣と血縁が一致しなくなる。図中の線は遺伝的な系譜を示すもので、各ヒナの実の父親と母親を示している。

汰という枠組みで説明します。子は父親と母親の遺伝子をおよそ半分ずつ受け継ぎます（図4－12）。自分の孫ならそのまた半分、祖父母のそれぞれ4分の1ほど遺伝子を受け継いでいます。これらは偶然赤の他人の遺伝子が似てしまう確率よりはるかに高いものです。

自分の遺伝子を残す上で、同じ遺伝子をもっているものを優遇するのは当たり前です。逆に、自分の遺伝子を受け継ぐ親族に冷遇する家系がいたら、その遺伝子は早々と失われていくことになります。同様に、真に平等主義で自分の親族も他者も平等に接する人の遺伝子は、自分の遺伝子を優遇する人の遺伝子に圧倒され、失われていくことになります。

遺伝子を共有するのは親子だけではありません。たとえば、兄弟の間で見れば、弟のもつ各遺伝子を兄がもっている可能性は五分五分です。弟からすれば、自分の遺伝子が父経由で受け継がれて、その同じ遺伝子が兄にも受け継がれている確率は4分の1ですが、母経由で同じように受け継がれている

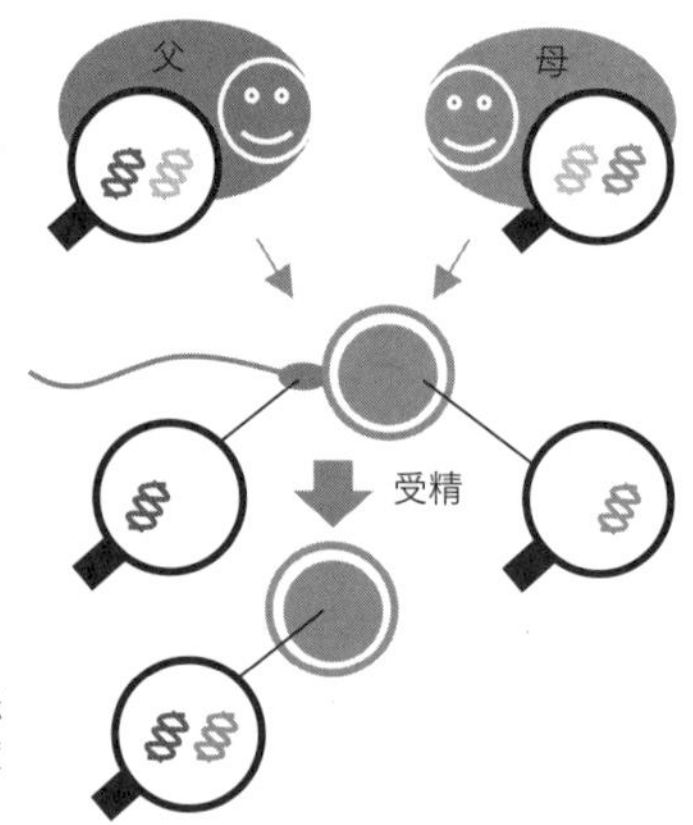

図4-12　子は父と母から遺伝子を1組ずつ受け取る。極度に簡略化していることに注意。

確率も加わるため、合わせて2分の1となります。父親が違えば父経由の確率は0になるので母親由来の確率だけ（4分の1）です。なんだか高校の生物の授業を思い出して気が滅入ってしまうのでこのくらいにしますが、同様に計算するといとこ、おじ、祖父、もっと遠い関係、なんなら自分と総理大臣が同じ遺伝子を受け継いでいる確率も（家系図があれば）計算することができます（図4-13）。

別に計算の仕方を説明したかったわけではなく、遺伝子を通して見ると同種の生物もそれぞれ平等ではなく、自分と同じ遺伝子を受け継いでいる見込みによって価値が違うということが言いたかったわけです。自分が誰かに手助けできる恵まれた立場にいる時、どうせ助けてあげるなら自分と遺伝子を共有する人を助けた方が遺伝子的にはよいし、相手との関係次第では、自分の身を危険にさらしてでも助けた方がよい場合もあります。有名な遺伝学者の1人はこの血縁淘汰の仕組みを知って、「2人の兄弟と4人の甥、8人のいとこのためなら喜んでこの身をさし出そう」という意味合いのことを叫んだと言い伝えられていますが、状況によっては実際にそうする意味があるということになります。

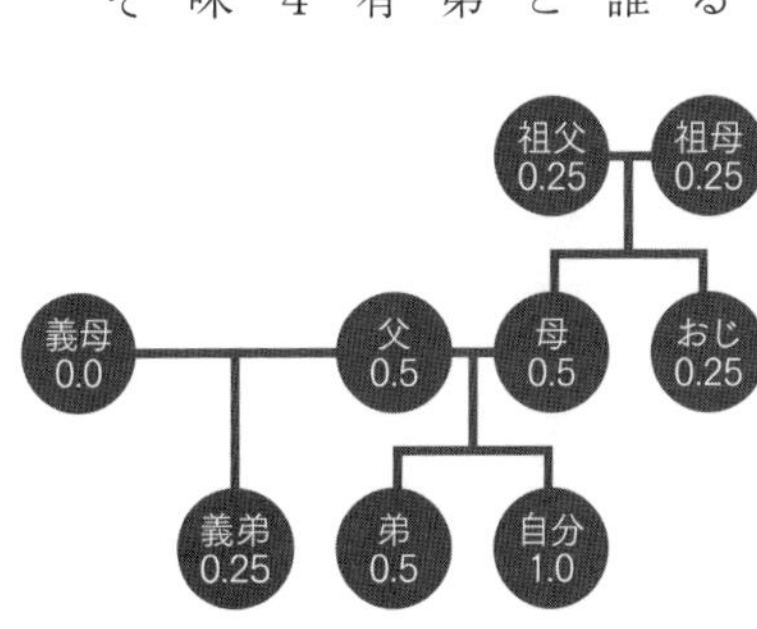

図4-13 「自分」から見た血縁者との遺伝子シェア率（いわゆる「血縁度」のことで、円内の数字で示す）。

子孫繁栄能力

誤解のないように言っておくと、血縁さえ分かれば万事解決するというわけではありません。血縁淘汰はあくまで、遺伝子を後の世代に伝える上での話なので、たとえば兄弟2人を助けるにしても、年老いてもう余命いくばくもない2人と今をときめく若者2人を助けるのでは当然意味が違ってきます。同様に、自分自身の価値も影響します。自分が将来明るい若者の場合と、もう先がない老人の場合は遺伝子の残しやすさという点で価値が違います。基本的に自分自身が一番自分の遺伝子をもっているのに、遺伝子を半分しか共有していない子をときに身を犠牲にして育てるのは、こうした事情に基づいています(図4-14)。高校の教科書などではこの子孫繁栄能力(専門用語で「繁殖価」と言います)までは説明しないので、親が子を支援することがなぜその逆より一般的なのか、よく分からなくなることがあります。

もちろん、自分の価値も相手の価値も若者、老人といった2元的

図4-14 自分の遺伝子を後世に残すには誰を助けるべきか。(期待)子孫数は厳密には繁殖価といい、助けた場合に将来どのくらい各自が子孫を残すかを示す。遺伝子を残す上では、自分の実子で、(子孫数から見て)将来有望な子を助けるべき、ということになる(逆に言えば、どうせ子孫を残せないヒナや血のつながりのないヒナに投資しても、自分の子孫は増えない)。カラー版は口絵23参照。

に変わるわけではなく、連続的に変わります。若者がある日突然老人になるわけではないので当たり前と言えば当たり前ですが、同じ年齢の若者でも心身ともに健康な若者と、不治の病の若者では当然遺伝子の残しやすさは違いますし、モテモテの若者と魅力的でない若者も違います。そうしたさまざまな要因が将来的な子孫繁栄能力に影響して、格差をもたらしてしまうわけです。前述のテレビのコメンテーターは「自分の子なのに」という文脈で無意識に自分と犯人が同じ立ち位置にいることを想定していますが、実際の立ち位置はそれぞれ違いますので、立ち位置を考えないで血縁だけで話をするのは不毛です。もちろん、生物学的にそうだからといって、罪を犯してもいいという理屈にはなりませんし、「遺伝子の残しやすさ」で差別していいという理屈にもなりません。

　ここではあくまで直接の遺伝子の残しやすさに目を向けただけなので、他の要因は考えていないことも白状しないといけないかもしれません。たとえば、裕福なおじいさんは自分の子をこれ以上残せなくても、子や孫に投資して支援することもできますし、自分自身の子がいなくても、親戚の子に投資することはできます。実際、閉経して子どもが産めなくなっても女性はおばあさんとして孫の世話をすることで子孫繁栄に間接的に貢献してきたために、平均寿命と閉経年齢に開きがあるのだという話もあり、いわゆる「おばあさん仮説」として知られています。自分と遺伝子を共有していればいいわけなので、身近な親族に限る必要もありません。極端な話をすれば、総理大臣になって自分と遺伝子を1%でも共有している若者を50人救う政策を実行すれば、自分の遺伝子を半分もった子1人の命を助けるのと（計算上）同じことです。

家族内外の格差

「結局、何が言いたいの」と思われるかもしれませんが、生き物の価値はちっとも平等なんかではないということです。格差があれば当然それに応じて、行動にも差が出ます。

たとえば、3世帯が同居しているヒトの家庭ではこのことは顕著です。夫婦どちらかの両親と同居していれば、少なくとも夫か妻か、どちらかは同居しているおじいさん、おばあさんと血縁関係にないことになります。

漫画などでは、血縁関係にないお嫁さんが、お姑さんにいびられるシーンがよくあります。おじいさん、おばあさんからすると、夫婦の子ども、つまり孫は自分と血がつながっているので、自分の遺伝子を将来世代に残すには孫びいきが生じるのですが、お嫁さんをひいきすること自体には特に遺伝的な利益がないので、（孫に不利益が生じないなら）お嫁さんに不利益が生じても、問題ないということになります（図4-15）。

これはお嫁さんから見たおじいさんおばあさんでも同じです。結果として、おじいさんおばあさんとお嫁さんの間では明確な利害の不一致が生じてしまいます。家族という名のもとに、血のつながりのない赤の他人がまぎれ込んでいるためにギクシャクしてくるとも言えます。現代社会だけでなく『大奥』などで描かれる歴史の世界でもたびたび登場する、怖い世界です。

同様に、血縁があるものの間でも、血縁の近さと子孫の残しやすさはそれぞれですので、やはりそれに応じて関係性が変わってきます。たとえば、おばあさんから見れば我が子の方が孫より遺伝的に近く、どちらの味方をするか、差が出てきます（もちろん後述するように、実際には血縁だけで

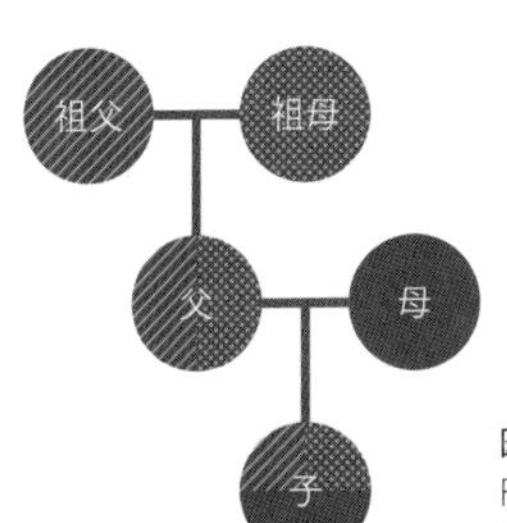

図4-15　親子３代の家族の家系図。円の背景のパターンは祖父、祖母、母由来の遺伝子の割合を示す。

なく、それぞれの間柄にもよります）。父親から見た我が子とおばあさんはどちらも血縁は同じですが、子孫の残しやすさが違うので、我が子を優先しがちになります。もちろんこれは子が成人した後でも同じです。

こうした家庭内の格差は複雑な社会関係を生みます。全員平等などと言っていては遺伝子が残っていかないので、なるべく遺伝子が残るように、自分と相手の価値に応じて、社会行動を変化させることになります。これは家庭の外でも同じです。遺伝子を残していく上で、全く血のつながりのない赤の他人と親戚のどちらを優遇すべきかは明らかです。血縁淘汰の枠組みから、血縁に違いのあること、また各自の遺伝子の残りやすさに違いがあることは必然的に社会的な関わりに差を生み、複雑な社会的相互作用を作り出します。

ツバメの血縁

ツバメはヒトと違って3世帯が同居することはありませんので、そこまで顕著な格差はないと想像されるかもしれません。実際、年間生存率が

50％を切るほどの短命な生き物なので、３世帯が同一時点で存在すること すらなかなか難しく、長命な生き物ほど血縁の問題は込み入ってきません。 しかし、血縁の問題はなにも世代を経ないといけないわけではありません。 たとえば、遺伝的に一夫一妻ではない場合、家庭内には父親から見れば血 のつながっていない子（婚外子）がいることもあります。また、子孫の残 しやすさにもかなりの違いがあるので、自分の子だから等しく接するべき、 という理屈は通りません（図4−16）。結果として、ヒトのような長寿の 生物でなくとも、家庭内、また家庭の外でもかなりの格差があって、それ に見合った社会的な関係が生じることが見込めます。

たとえば、ヨーロッパなどで牛舎に繁殖するツバメはひんぱんに浮気を するのですが、浮気された見込みが高まるとオスが子育てをサボるという 報告もあります。外から見れば親子には違いないのですが、オスとしては 自身の子でないのなら苦労して餌を運ぶ意味がありませんし、捕食者が来 た時もそこまで必死に子を守りません。必死に子を育てても自分の遺伝子 が増えないのなら、危険を犯さず、自分自身の生存（と将来の繁殖）を優 先した方がよい、ということになります。

図4-16 ヒナに餌を運ぶツバメのオス。ヒトが思うほど「無心に」子育てしているわけではないようだ。カラー版は口絵26参照。

逆に、メス目線で考えると、オスの子育てを犠牲にしてでも、浮気をした方が有利な状況があるのかもしれません。実際、メスは夫より魅力的で子孫繁栄能力の高いオスを浮気相手に選んでいるという話が知られています。

さらに、よくよく調べてみると、メスは浮気相手自体、自分の遠い親戚を選んでいるという話も登場しています。血縁者は自分と遺伝子をシェアしている見込みが高いので、（繁殖相手によって子孫数が変わってこないなら）、血縁者と子をなすことで、赤の他人と子を作った時よりも遺伝子のコピーをたくさん残せるようになります。「だったら、自分の親や兄弟、子どもと繁殖した方がいいだろう」と思うかもしれませんが、あまりに近過ぎると、近親交配になってしまって劣性の遺伝子（今の遺伝学用語では潜性とも言います）が悪さをしだしますので、そこそこ近縁な血縁者と子を作るのがよいようです。

他にもツバメで血縁が関係している現象はいろいろと知られていて、たとえば自分の兄弟が多い場合は、生まれた場所にあまり戻ってこないという報告もあります。兄弟みんなが生まれた場所に帰ってきてしまうと、身内で限られた繁殖の機会をめぐって争うことになるので損です。分散して兄弟のいないところに行くことで身内の無益な争いを防ぎ、結果的により多く遺伝子を残すことができます（図4－17）。ヒトでも「次男だから地元に戻ってもねえ」という話になることもありますが、共通するところがあるようです。血縁は家庭内やすぐ近所の親戚付き合いだけでなく、もっと広域での移動や交流パターンにも影響していることになります。

互恵性

もちろん、血縁淘汰で全ての社会的な関係が分かるわけではありません。「私ならよく知らない親戚よりお隣さんを優遇するかも」という方もいるでしょう。「遠くの親類より近くの他人」という言葉もあるように、ご近所付き合いは重要で、ひんぱんに遭遇する相手とは仲良くしておいた方が何かとお得です。たとえば、自分の家に間違えてお隣の郵便が届いた時は面倒でも素直に隣の家に知らせることで、いつか自分宛ての手紙がお隣に届いた時にも知らせてくれることが期待できます。全く同じものでなくても、たとえば、自分の家のナスがとれ過ぎた時はお隣さんにあげることで、

図4-17　兄弟が近くに戻ってくると兄弟同士でなわばりや異性をめぐって不毛な争いをするリスクを負う。

後日お隣さんがたくさん魚を釣ってきた時におこぼれに預かれるかもしれません。その場限りのやりとりだけ見れば、手間などもあって確かにコストがかかるのですが、長期的に見ればこうしたコストが将来の利益によって回収されることになります。

では、いついかなる時も他人には親切にすべきなのかというと、そうとも限りません。見返りが期待できるのは、ご近所が継続的に存在していてくれてこそです。住人の入れ替わりが激しい場合、たとえば1回だけのやりとりしかしないことが分かっているのなら、もらうだけもらって返さない方が得なこともあります。実際にそのように振る舞う人は(割合的には)少ないと思いますが、近年のグローバル化は繰り返し関わる機会より、1回だけのやりとりを増やすことになっていて、逃げ得な状況が生まれてしまっています。このような状況ではリピーターを増やす必要がないので、詐欺とまではいかないまでも詐欺に近い、なるべく相手から搾取するという戦略を生むことになります。

ツバメはそもそも寿命が短いので、こうした状況に近いのですが、実際にはご近所付き合いをした方が得だと考えられる場合もあります。たとえば、捕食者が来た時です。自分自身の力で勝てない捕食者に対しては、数で対抗するのがよい手です。ひとりの戦闘力ではかなわなくとも、みんなで立ち向かえばなんとかなるかもしれません。かなわないまでも、立ち去らせることぐらいは可能でしょう。

そういう場合は、近所の繁殖ペアに助けてもらいたいのですが、助ける方からすれば、自分自身に直接の利益がないのに、なぜ助けるのかという問題が発生します。前節のように、血縁者であれば助けることで、自分とシェアしている遺伝子を助けることになるので有益ですが、血縁者でないのなら、他者を助けることはむしろ損になります。助けることによって捕食者から被害を受けるかもしれませんし、助けた時間やエネルギーは他のことに当てることができなくなるためです。

では、助けない方がいいのかというと、そうとも限らないようです。ヒトの例で挙げたように、ご近所さんとは仲良くしておいた方が、いつか自分が見返りを受ける可能性もあるためです。ツバメは1回繁殖するだけで1カ月以上はかかりますし（図4-18）、繁殖を繰り返す場合は数カ月そのあたりにとどまることになるので、ご近所さんとはしばらく一緒に過ご

図4-18　ツバメの1回の繁殖は1カ月以上かかる。この他、巣作りや産卵準備にも余計に時間が必要になる。具体的な日数は巣ごとに違うことに注意。

すことになります。ひんぱんに捕食者が来るようなら、ご近所さんに恩を売っておいた方が、後で自分が困った時に役に立ちます。

自分が将来困ることを見越して困っている隣人を助けておくというのはなんだか打算的に感じてしまいますが、逆に、助けてくれなかった相手を助ける時の何とも言えない嫌悪感をご存じの方もいると思います。ツバメでちゃんと調べられたわけではありませんが、少なくとも他の小鳥の仲間では、捕食者が来た時に駆けつけてくれた相手には、自分も相手が捕食者に困っている時にちゃんと駆けつけて助けてあげることが実証されていますので、ツバメの仲間も同様のことが期待できます。

利己的な社会

ここまで血縁者を助けるやり方と、ご近所さんを助けるやり方で社会が複雑になっている話を見ました。ただ、そうした関わりがなければ、社会的な関わりが許されないかというと、もちろんそんなことはありません。各自がそれぞれ利己的に、我が身かわいさに振る舞った結果、ある程度の社会的な関係が形成されることもあります。簡単にいくつか例を紹介します。

第3章に登場したサンショクツバメというツバメの仲間では、飛翔昆虫の集合を発見すると仲間に知らせてみんなで食べにいくということがよく知られています。実際、この鳥では仲間に「餌を知らせる声」があることも知られていて、この声を聞いた仲間はその声を出した鳥の方に行けば餌にありつけることになります。ひとりで食べないでみんなでシェアしていることから、利他的な行動に見えてしまいますが、実際のところ、仲間を呼ぶことで効率的に餌がとれるようになるので、仲間に知らせること自体が自分の利益を上げていると考えられています。たくさんの目で餌の動向を見ることで細かい餌の群れを見失いにくくなる他、捕食者対策にもなると言われています。あくまで仲間を呼ぶのは自分にとって利益があるからで、仲間は結果としておこぼれに預かっているだけ、と考えられています。最近流行のオンラインゲームのように「一狩り行こうぜ！」と言っているようなものです。

普通のツバメでは今のところそうした行動や群れの機能は知られていませんが、そもそもツバメはわりと大型で密度の低い餌を食べるので、（小さな餌を食べる）サンショクツバメとは違って一緒に狩りをする利益が薄いのかもしれません。むしろ、日本で言えば、イワツバメやショウドウツバメ、コシアカツバメなどの方が小さな餌を食べるので、同様の機能がある見込みが高いです（図4-19）。

捕食者対応でも同じような話があります。前節では、お互いに助け合っているかもしれないという話がありましたが、助け合っていなくても、実際には同じように捕食される側が群れになって捕食者に対応することが予想されます。捕食者が来るとツバメたちが集まって捕食者の周りを警戒したり攻撃したりしながら飛び回る「モビング*」を行うことが知られていますが、自分の家の卵やヒナが食われたくないから、各自が警戒する結果、近隣のツバメがみんなモビングに参加するに過ぎない、というわけです（図4-20）。捕食者からすれば、まるでゲーム『ドラゴンクエスト』のスライムみたいにツバメが次々に仲間を呼んでいるように見えるかもしれませんが、実際は自分の家の近くに捕食者が現れ、また現れたことを知らせる声がすれば、（自分の卵やヒナのために）駆けつけているということになります。

＊モビング　最近は漫画などの影響で、わらわらと人が集まっている状態やその構成員を「モブ」と呼ぶことが増えてきたが、モビングはこのモブとして振る舞う行動のこと。

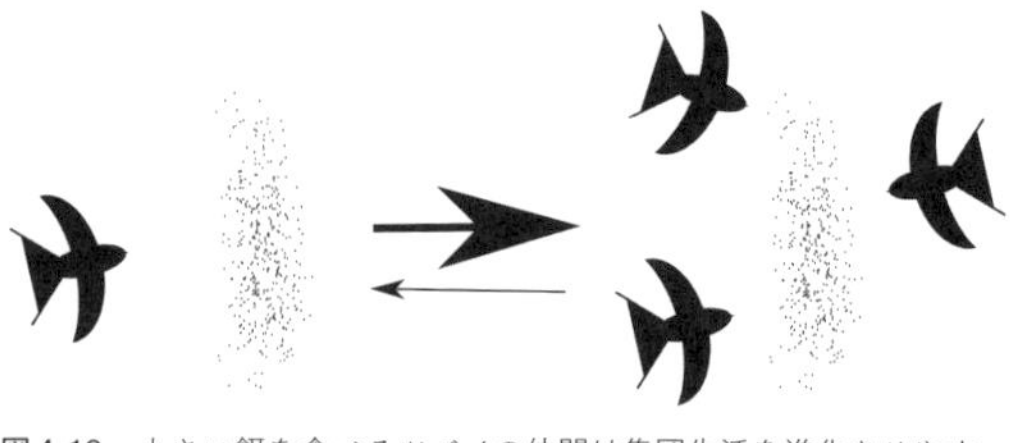

図4-19　小さい餌を食べるツバメの仲間は集団生活を進化させやすい（矢印の太さは進化のしやすさを示す：Hasegawa & Arai 投稿中）。

ただ、個々の鳥がご近所さんと無関係に動いているかというと、そうとも言えないようで、ツバメの仲間でも周りに隣人がたくさんいる時ほど捕食者に激しくモビングするという話もあります。ツバメ以外の鳥では隣人が多い時に声のボリュームを上げているという話もあるので、仲間がいてくれることそのものが捕食者対応のサポートになっているのかもしれません。

場所代を払わせる

さらに、ムラサキツバメ（図4-21）という鳥では、繁殖時に利己性を発揮して社会的な関係を構築していることが知られています。順位の高いオスが自分の巣の近くに順位の低いオスを招いて繁殖するように促すのですが、この行動が実のところ、浮気によって自分の子を増やすことにつながっているためです。順位の

図4-20　ツバメのモビング。卵やヒナの捕食者であるカラスの周りを飛び回り、ときに攻撃して退散させる（参考：上越鳥の会2008 雪国上越の鳥を見つめて）。実際のツバメの動きはとても速い。

高いオスとしては、別に順位の低いオスに同情して繁殖の機会を提供しているわけではなく、あえて近くで繁殖させることで、順位の低いオスの配偶者と自分が交尾して子を得る機会を増やせるというわけです。順位の低いオスとしては自分の奥さんがそのような目に遭うことをなかば分かっていたとしても、そうでもしないとそもそも繁殖ができないので、誘いに応じていると考えられています。モーツァルトのオペラ『フィガロの結婚』などに登場する中世の初夜権を彷彿させるちょっと怖い社会です（このオペラの一部、特に序曲はCMやTVドラマなどでもよく使われるので、「聞いたことがある」という人も多いと思います）。

普通のツバメについて見ても、経験豊富で魅力的なツバメからすれば前年度に生まれたような若者が近所で繁殖することはウェルカムでしょう。黙っていても魅力的な彼らは近所で他のペアが繁殖することで、婚外子を得ることが期待できます。一方、若者にとっても群れに参加することは有益です。繁殖経験のない彼らにとっては未知の場所で繁殖を試みるよりも、経験豊富な年上のツバメや古巣の多い、繁殖成功の見込みが高そうな場所を選んで繁殖した方がよいためです。ただ、全員が得をしているかという

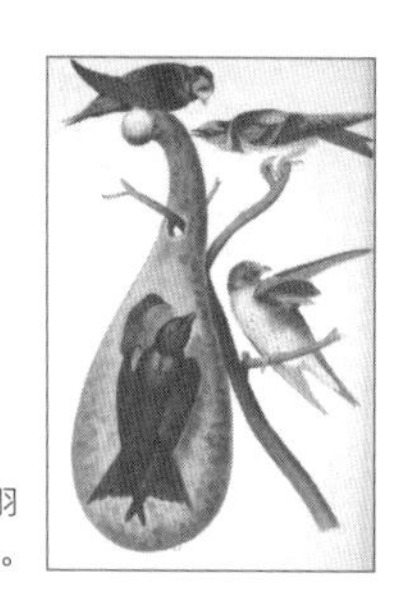

図4-21　ムラサキツバメ。左2羽がオス、右2羽がメス。Audubon (1840) Birds of Americaより。

と、そうとも言えません。若くもなく、魅力的でもないツバメは浮気をされる側に当たるので隣人が多いとむしろ損をする側です。若者と違って、繁殖場所などの情報を得る利益もありません。

平和で平等が保証された日本では暗黙のうちに同種のメンバーはみんな同等だと仮定して議論してしまうことがありますが、実際には各自にとっての利益とコストはさまざまで、なかには他者を搾取しているものも、他者に搾取されているものもいます。（前述のツバメの例のように）誰かが損をしていても、別の誰かがそれ以上に得をしていれば、結果として特定の社会環境が維持されることもあります。ヒトの社会がさまざまな背景をもつ個人から構成されているように、他の動物の社会を理解する時にも個を意識することは大切です。

地域の違い

ここまでに挙げた要因は単独で働くというよりは、おそらく複合的に作用します。そもそも繁殖可能な場所がどれくらいあるかということも関連してきますし、浮気のしやすさだけでなく、捕食のリスク、寄生虫、餌の性質などさまざまな要因が絡んできて、実際の社会的な関わりが決まってくることになります（第3章も参照）。各要因はツバメの仲間でも種類によって変わってくるので、社会システムがそれぞれ種ごとに変わってくることはもっともなことかもしれません。もちろん、同一種でも、普通のツバメのように、行動や婚外子率、さらには巣をかける建造物の建築様式まで地域によって違う生き物は、それぞれの地域でベストな社会システムも変わってくると予想できます。

たとえば、日本の街中に見られるツバメでは婚外子は3％ほどしかなく、3割以上が婚外子となるヨーロッパの事情とは大きく異なります。繁殖密度も街中のツバメはヨーロッパなどの牛舎で集団繁殖するツバメほど高密度で繁殖しません。捕食リスクで言えば、集団繁殖では巣の捕食は実質ゼロですが、街中での繁殖では巣のおよそ半数が捕食されます。そうした状況下で両者に全く同じ社会システムを期待するのは無理があります。

浮気がなくなれば巣の中のヒナはみな実子になるので家族としての結びつきは強くなる一方で、巣の外にいる親族は減ってしまうので、血縁を考慮した地域の社会行動は減ってしまうかもしれません。逆に、捕食が多いなら血縁など関係なく、地域一丸となって団結する余地も生まれます。さあ、では一体どのくらい社会的な関係が地域間で違っているのかというと、残念ながらほとんど分かっていないのが実情です。これまでにヨーロッパと日本では、前述の抱卵行動や婚外子率の違いの他、外部形態や生理的な特徴、精子の大きさ、異性の好み、雄間闘争などに違いがあることは分かっているのですが、より大きな枠組での社会性、たとえばご近所さんの協力についてはほとんど何も報告がありません。

理由としては、単純に多数のツバメが絡む複雑な関係が調べにくいことが挙げられますが、同時に、「どうせ調べてもヨーロッパと大して変わらないだろう」と思われていたために研究が進まなかったという消極的な理由もあります。街中のツバメで婚外子率が低いことが分かったのも2010年になってからですので、それ以前は特にこうした見方が蔓延していて、調べたものの公に発表するまでに至らなかった研究も多かったように思います（学部生や大学院生の研究は特にそうなりがちです）。がっかりされたかもしれませんが、これが実情です。今後、改善できるように頑張っていきたいと思います。

社会的ネットワーク

これまでの動物の研究は、特定の社会集団（たとえば群れ）に属するものはみんな同じような社会環境を味わっているはずだという前提で進められてきました。前節のように、メンバーによって、その社会環境がプラスに働くかマイナスに働くかという違いはあっても、各自が経験する社会環境自体はそこまで変わらないと見なされていたことになります。小さな集団に属しているツバメはみんな貧弱な社会しか経験しておらず、大きな集団に属しているツバメはみんな他者とよく関わっているはずだというわけです。しかし、ヒトに照らし合わせて考えると、この考え方が明らかに単純化し過ぎたものだということに気づくと思います。高密度な大都市に住む人でも、他者との接触を避ける人もいれば、過疎の進む地域に住む人でも、積極的に人に関わり、社会経験豊富な人もいます（図4-22）。

動物でこのような過度に単純化した社会環境が当てはめられてきたの

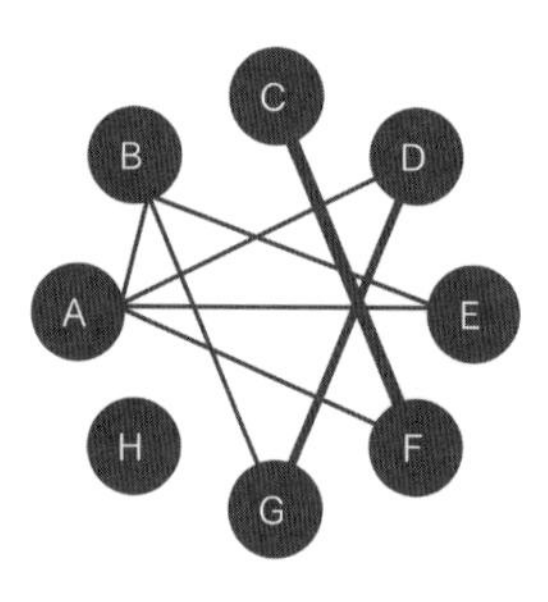

図4-22　ソーシャルネットワークのイメージ。同じ地域に住むからといって、全員同じような社会関係が見られるわけではない。たとえば、Aさんは他の人とよく関わっているが、Hさんは実質誰とも関わっていない。CさんはFさんとしか関わっていないが、濃密な関係を築いている。

は、動物を単純な存在だと見下してきたからだけではなく、単純に個々の社会環境を正確に調べる手段がなかったからでもあります。ある程度大きな動物、たとえば、サルやウマなどは調査する側に体力さえあれば個体同士の接触を追うことは可能です。しかし、たとえばどのツバメがどのツバメと接触していたかなど、全部把握することはこれまでほぼ不可能でした。実際やってみようとすればよく分かります。

「うちのツバメ」がお隣のツバメと喧嘩していることまでは分かっても、彼らがいずれもオスなのか、途中から「ツピーツピー」と周りを飛び始めたのが誰なのか、さらに途中でカラスでも来ようものなら、何十羽が入り乱れ、誰が誰だかさっぱりわけが分からなってしまいます。そうかと思えば、一瞬でどこかに飛び去ってしまって、もうそれ以降どこで何をしているか分からなくなってしまうこともあります。私自身、かつてツバメの個体間の相互作用を調べようと思ったことがありましたが、わけが分からなくなって、1時間もせずにあきらめました。

都会暮らしの人は使ったことがあると思うのですが、電車やバスに乗る時にかざすだけで「ピッ」と記録ができるＳｕｉｃａ（スイカ）やＰＡＳＭ

O（パスモ）などのＩＣカードやスマートフォンアプリがあります。お金を使っている感覚なく公共交通機関をどんどん利用できるので怖い道具でもありますが、どの駅で電車に乗ってどの駅で降りたか勝手に記録してくれるのでとても便利なツールです。同じように、動物の各個体にそれぞれ電子タグをつけることで、誰が誰と接触したのか、簡単に分かる技術が登場しています（図4-23）。同時に、そうして得られた情報を解析する技術もどんどん開発されて、手軽に生き物の動きを追えるようになりました。

そうした技術をツバメに実際に当てはめた結果、同じ集団に属していても、ツバメ間の関係に明確な差があることが分かってきました。あまり他者に接触しないものから、ひんぱんに他者と関わるものまでさまざまだったためです（図4-24）。

こうした技術を使うことで、ツバメ間ネットワークがさまざまな要素と関係していることも分かってきています。たとえば、第3章では腸内フローラが大事だという話をしましたが、積極的に他者に関わるツバメとそうでもないツバメで腸内フローラに違いがあることも分かっています。鳥は哺乳類と違って精子もウンチも1つの出口から排出されるので、腸内フロー

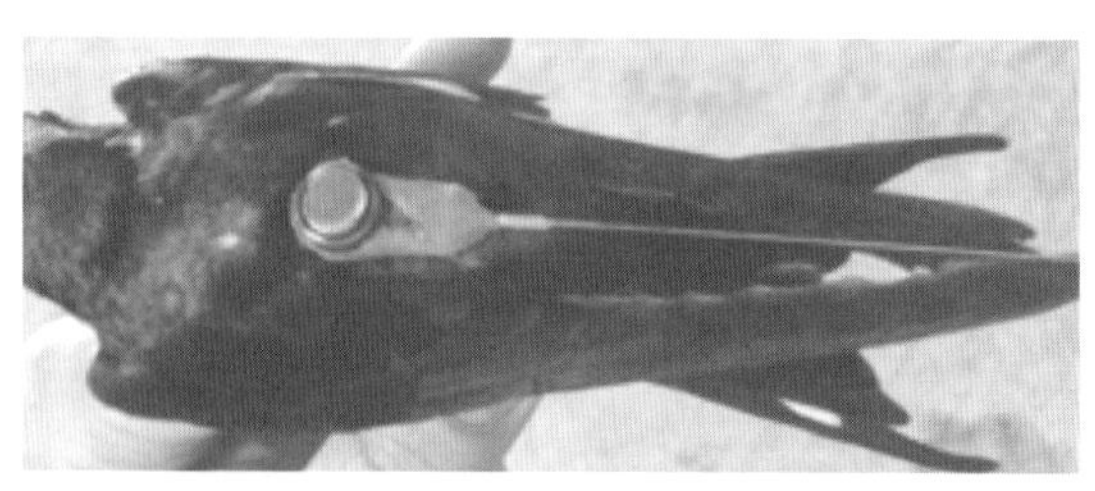

図4-23　電子タグを背負ったツバメ。Levin et al（2015）PLoS Oneより。

ラも交尾によって伝播されるだろうと言われています。実際、たくさんのオスと交尾するメスは多彩な腸内フローラを示すことが報告されています。精子を渡される際に一緒に腸内フローラももらっているのなら、いろいろなオスと交尾をすること自体がフローラを獲得するという利益があるのかもしれません。

ネットワークの分析は電子タグを生かした比較的最近の手法なので、まだ報告例は少ないですが、今後研究が発展することが期待されています。前節で紹介した地域差の研究もこうした新しい技術を取り入れることで発展していけばいいなと思います。

ヒナの社会

ここまで主に親ツバメの社会関係を調べてきましたが、もちろん、社会関係はオトナに特有のものではありません。ヒナの間でもときに複雑な社会的判断を迫られることがありますので、最後にヒナの社会について簡単に紹介します。

図4-24 北アメリカのツバメで見られたオス間のネットワーク。濃いつながりから薄いつながりまで他者とつながりを多くもつもの(A)から、少数と薄いつながりしかもたないもの(B)までさまざま。Levin et al (2016) Biol Lettを簡略化して作成。

本章の冒頭で、ツバメも巣によっては父親や母親の違うヒナが混ざることがあるという話をしました。これは浮気が多いヨーロッパのツバメで特に顕著です。そうした「複雑な家庭環境」にさらされた場合、血縁の違いを見て見ぬふりをするというのは悪手ですので、積極的に活用することが予想されます。実際、声の違いなどからヒナは巣内に義理の兄弟がいることを敏感に察知して、全員実の兄弟の時よりも強く餌乞いすることが報告されています。強く餌乞いすることで親にアピールし、義兄弟に餌が回らないようにするわけです（図4-25）。

社会環境に影響するのはもちろん浮気だけではありません。他にもさまざまな要因に左右されます。たとえば、兄弟にしても、兄がいるのと弟がいるのは全然違いますし、男の兄弟がいるのと、姉や妹がいるのはまた違います。ツバメは1日1卵産んで、ある程度卵が揃ってきた頃に抱卵を開始するため、最初に産まれた卵の方が早くかえり、後に誕生したヒナより大きくなりがちなので、餌の獲得でも兄（姉）が弟（妹）より有利になります。そうした影響があるのなら、もちろんそれに応じた行動を示すことが予想されますが、実際にヒナたちは自分の置かれた状況に応じて、餌の

図4-25　巣立ち間際のツバメのヒナ。右下に現れた親に対して餌乞いしている。

ねだり方を変えると報告されています。たとえば、ヨーロッパで行われた研究で餌量を統制して調べてみると、自分が弟の場合で、特に姉がいる時に餌乞いを激しくすることが分かっています。兄弟姉妹の特性と自分の特性に応じて、ベストな行動もまた変わってくるのでしょう。

譲り合うヒナ

ただ、ヒナたちがいつも自分のことだけ考えて行動しているかというと、そうとも言えないようです。ツバメの巣を観察していると、親が来ていないのにわずかな物音などでヒナが餌乞いすることがあります（図4-26）。これまではこうした餌乞いはただ単に親と間違えて反応してしまっただけで何の機能もないと考えられていたのですが、よくよく調べてみると、こうした間違いの反応に合わせて、周りのヒナたちは実際に親が来た時の餌乞いの強さを調節していることが分かってきました。

ちょっとした物音にも敏感に反応しているヒナがいるようだったら、「自分より餌が必要なのだろうから、親が来た時も自分は反応するのを控えめ

図4-26　親が来ない時に間違って反応したヒナ（中央2羽）。図4-16と同じ巣。

にする」というわけです。間違って反応していたとしても、その反応の強さは実際の必要量をある程度反映しているものなので、こうした配慮は自分と遺伝子を共有する血縁者に対して意味のある行動だと考えられています。兄弟愛の話はディズニー映画『アナと雪の女王』などでも語られますが、別にヒトに限った話ではないようです。生物の愛はどうしても遺伝子の伝播しやすさと絡んでくるので、無償の愛とは言い難いことも多いのですが、それでも結果として、親だけでなく兄弟姉妹間でも周りの社会環境に応じて（時には利他的に）行動していることになります。

ここまでの章で、ツバメがどういう世界観をもち、実際にどのように周りの環境に対処してきているか紹介してきました。特に第3章と第4章では他種や同種との関わりについて見てきましたが、紹介してきた話は繁殖期の話ばかりでした。ツバメは渡り鳥なので、渡って行った後の情報が得られにくいのは仕方ありませんが、もちろん渡り鳥であることがツバメの世界観や周りとの関わりに何ら影響していないなどということはありえません。次章ではこの渡りをすることそのものが、ツバメにとってどういう意味をもつか、見ていきたいと思います。

第5章

ツバメと渡り

身近な渡り鳥

ツバメは身近な渡り鳥の代表のような存在です。春になるといつのまにか現れて民家や商店街で繁殖し、夏も過ぎるとまたいつのまにかいなくなることは一般的にもよく知られています（図5－1）。春に渡ってきてから秋に渡っていくまでの繁殖イベントは観察しやすく、馴染み深いものですが、その一方で渡り鳥であることがツバメの世界にどういった影響を与えているのか、そもそもツバメが渡り鳥としてどのように生きているのか、といったことはあまりよく知られていません。私たち自身が定住生活を送っているので、こうした全く違う生活習慣をもつ生き物の暮らしを想像しにくいということもあります。本章では、渡り鳥としてのツバメの生活と、渡りというイベントが彼ら自身や周りに与える影響について紹介したいと思います。

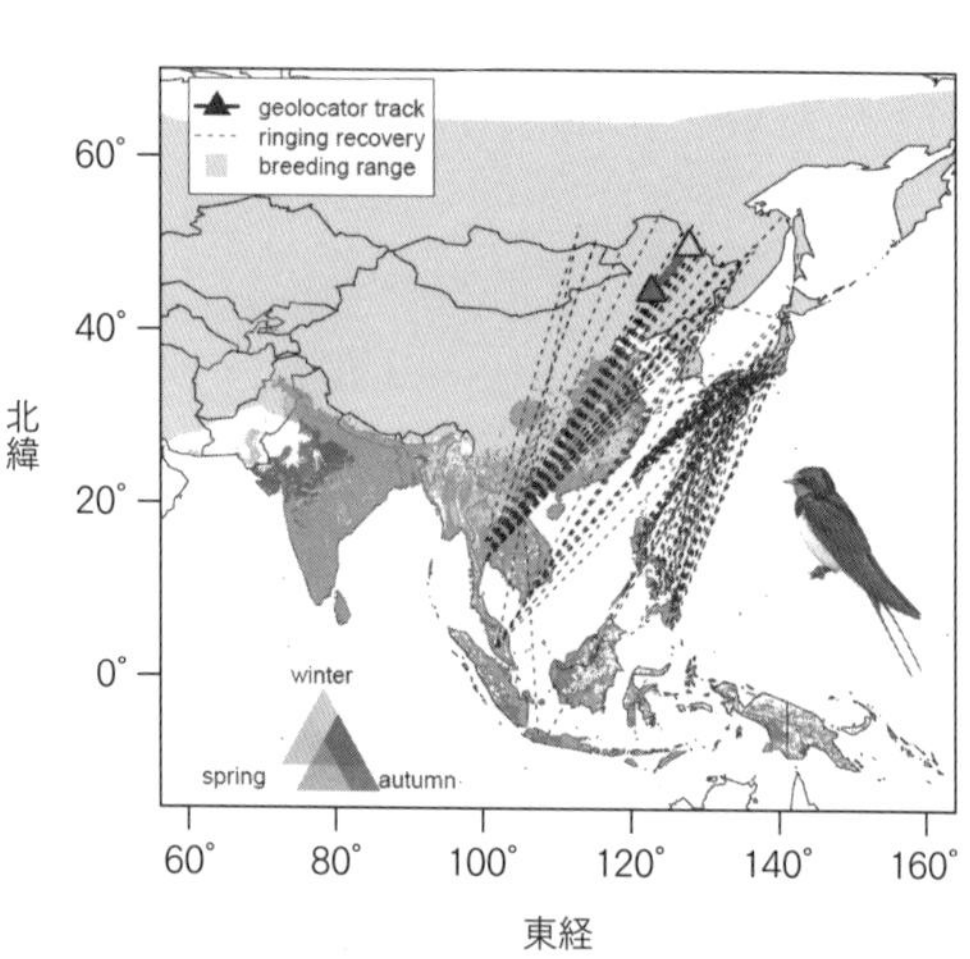

図5-1　日本周辺のツバメの渡り。Heim et al（2020）Global Ecol Conservより。カラー版は口絵29参照。

いつ渡るか

渡りをするからにはどこかのタイミングで渡りを開始する必要がありますが、彼らはそもそもいつ、どうやって渡りの決断をしているのでしょうか。普段日常に追われて生活していると、気づいた時には当たり前のようにツバメが現れているものですが、もちろん「いつ行くか、今でしょ」という感じで思い思いのタイミングで渡っているわけではありません。「玄鳥至（つばめきたる）」や「玄鳥去（つばめさる）」*のように、ツバメが季節の訪れの目安となっていることからも、ツバメの渡りが精細な季節性をもつことは明らかです。

では、この季節性がどうやって生じているのか、というのは案外難しい問題で、単純に気温に基づいているのか、それとも日の長さなのか、全く違う要因なのか、気になっている方も多いと思います。関連して、こうした季節性がツバメの体内であらかじめ遺伝的に決まっているのか、それとも置かれた環境に応じて柔軟に変えられるものなのか、という疑問も湧いてきます。

＊玄鳥至、玄鳥去　いずれも季節を表す「七十二候」のひとつ。玄鳥はツバメの別名。

結論から言えば、これらのどれか1つの要因のみによってツバメの渡りの時期が完全に決まってくるというよりかは、いろいろな要因が絡まって包括的に決定されている、というのが正しいようです。少なくとも、これまでにいろいろな要因が調べられていて、その多くは渡りのタイミングと何かしらの関係が見つかっています。

たとえば、気温については、越冬地の気温が渡り始める時期と関係していることが知られています。極寒のなか渡るのはさすがにまずい気がするので、暖かくなるほど渡りをしやすくなるのは直感的にも納得できます。関東などでは、ツバメは朝の気温が10℃ぐらいになると現れる、という話もあるようです。実際にツバメにとってこうした基準値が意味をもつかどうかはともかく、気温が高くないと餌の虫も飛んでくれないので（第3章参照）、気温を判断材料に渡ってくるというのは理にかなっています（図5-2）。

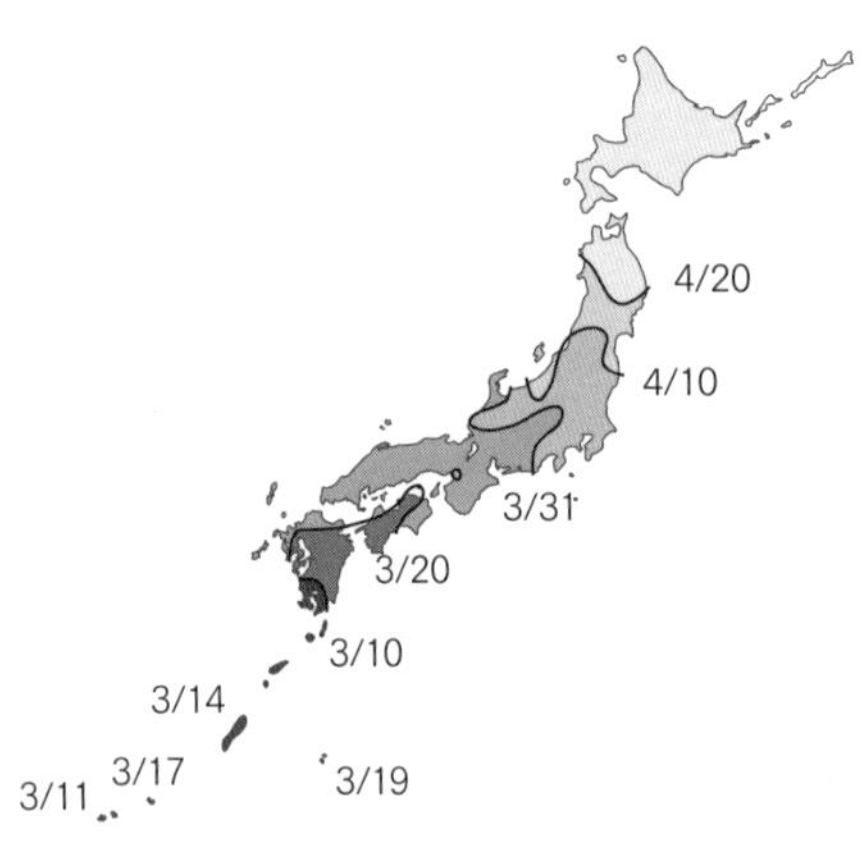

図5-2 ツバメの北上マップ、いわゆる「ツバメ前線」。寒い地方には渡ってくるのが遅くなる。気象庁ホームページ「ツバメの初見日」（https://www.data.jma.go.jp/sakura/data/tsubame2010.pdf）より。

一方で、越冬地と繁殖地*が何千kmも離れていると、その場の気温で判断する、という仕組みはあまり優れていない気もしてしまいます。私たちも海外旅行に行く時は入念に準備して出かけますが、予想に反して現地が暑過ぎたり寒過ぎたりして困ってしまうことがあります。ツバメも予想が外れて困ってしまわないか、心配される方もいると思いますが、実際のところはそこまで問題ないようです。最近ヨーロッパで行われた研究によれば、ツバメたちは実は繁殖地と気温が連動している場所で越冬することで、越冬地に居ながらにして繁殖地の気温をある程度予測できている、という話も出てきています。繁殖地が暖かくなってきたタイミングを越冬地で感じ取れるのなら、現地入りしてから「思ったより寒い」と苦労することもありません。どうやってそんな芸当が可能になるのかは分かりませんが、結果的に繁殖地の気温に応じて行動できていることになります。

春の日長、秋の夜長

渡りの時期を決める上で、日の長さが重要という話もあります。春夏秋

*越冬地と繁殖地　日本のツバメの渡りルートや越冬地、およびその調査については215頁以降のコラム参照。

冬を味わう日本人的には日の長さが季節によって変わり、冬至で最も夜が長くなり、夏至に最も昼が長くなることは知識としても経験としてもよくご存じだと思います。春分の日にもなれば、「夕方6時過ぎなのにまだ明るい」など、日の長さに春の訪れを感じたことがある方も多いことと思います。日の長さに季節変化があるのなら、当然ツバメもこれをあてにしてよいはずと考える方もいるでしょう。前述した気温の変化だけでは、季節外れの「小春」日和と本当の春の訪れを勘違いしてしまうかもしれません。気温だけでなく、季節と密接に関係している他の基準も取り入れたいところです。

ただ、よく考えると、こうした論理は四季のある日本に暮らす人の論理となっていることに注意が必要です。日本では確かに季節によって日の長さが分かりやすく変わるのですが、世界中どこでも同じようなパターンが見られるわけではありません。たとえば、赤道近くで越冬していれば、日の長さは1年を通してそこまで変わりません（図5-3）。ツバメ自身が（たとえばインドネシアなど）赤道近くで越冬している場合には日の長さから明確な季節変化を読み取れないので、

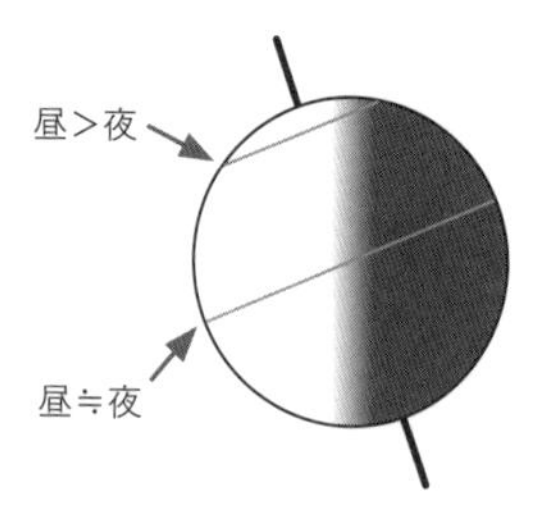

図5-3 地球の自転軸が傾いているため、季節や緯度によって昼の長さが変わってくるが、赤道付近は昼と夜の長さが1年中ほとんど変わらない。

「日が長くなってきたからそろそろ渡りをしようか」というわけにはいかないことになります。

このため、日の長さは越冬地から移動する春の渡りより繁殖地から戻る秋の渡りで特に重要になっているのではないか、という話もあります。百人一首にも「ながながし夜をひとりかも寝む」などと歌われるように、(日本の)秋の夜長は体感しやすいものですので、繁殖地から戻る時にはわりと容易に季節を読み取れます。あるいは、その場その場で日の長さを感じて具体的な渡りのタイミングを決めているというよりも、後述する体内時計や体内カレンダーの補正に使っている、と考えた方がしっくりくるかもしれません。電波時計のように毎日正確に時間を修正する仕組みがなくとも、定期的に補正さえしておけば腕時計(と付属のカレンダー機能)が勝手に正確な時を刻んでくれるのと同じです。

ちなみに、秋の渡りに関しては天気が直接的に影響しているのではないかという話もあります。ヨーロッパで2年間ツバメにセンサーをつけていつ渡っているか調べたところ、ちょうど豪雨の時に渡っていくことが分かったためです。この2年間でたまたまそういうパターンになったという可能性もありますが、悪天候の繁殖地にとどまっても仕方ないので、こうしたきっかけをもとに移動を開始するのももっともなことかもしれません（ちなみに春に繁殖地に渡ってきても、天気が悪いとツバメが一時的にみんないなくなることがあります）。気象条件が直接的に餌量に直結するツバメたちが能天気なはずはありません。

繁殖の影響

ミドリツバメというアメリカで繁殖するツバメにセンサーをつけて調べたところ、秋の渡りはどうやら繁殖と密接に関わっていることも分かってきました（図5－4）。卵を産んで繁殖がいったん始まったら、抱卵、育雛（いくすう）、巣立ち、巣立ちビナの世話とドミノ倒しのように順番にこなしていくことになりますが、その延長として、渡りというイベントがある、とする見方です。いろいろな場所で繁殖するミドリツバメを調べた結果、どこの地域で繁殖していても、各イベントの開始は前のイベントのタイミングによってだいたい決まっていたそうです。繁殖も渡りも、流れ作業でこなしてい

図5-4　ジオロケーターを背負ったミドリツバメ。腰の部分に見える白い突起がジオロケーター（の一部）。写真©Lisha L Berzins

ると考えると何か切ない気もしますが、そもそも北に渡ってくる目的が繁殖なので、繁殖を基準に年間スケジュールが決まってくるというのはありそうなことです。

こうした事情は、日帰りでお出かけする時、用事を1つ1つ終わらせていくと結局帰りの時間が用事の都合に左右されてしまうのに似ているかもしれません。もちろん使える時間が十分にあればいつ用事が終わっても余裕をもって行動することでそれぞれ別個にこなしていけますが、スケジュールがキツキツだと必然的に時間に押されてドミノ倒しのように前後のイベントが連鎖してくることになります。わざわざ休日のお出かけを例に出さなくとも、映画『プラダを着た悪魔』に登場する鬼編集長のように分刻みで忙しい毎日を送っている方は、今さら言われるまでもないことかもしれません。

実際、先のミドリツバメの場合も、ドミノ倒しのようなイベントの連鎖は越冬地に腰を落ち着けてからは見られなくなるようで、翌年の春には越冬地に到着したタイミングと関係なく渡りを開始できるそうです。ミドリツバメの話がどこまで普通のツバメに当てはまるかは分かりませんが、優雅で自由に暮らしているように見える彼らも渡りをするがゆえに、かなり仕事に追われるかたちで暮らしているようです。

越冬環境

もちろん、その場その場の生息環境自体も渡りのタイミングに影響します。有名どころでは、越冬地で植物がすくすく育っている年*ほど、ツバメが早く繁殖地にやってくることなどが挙げられます。ツバメ自身はそこまで植物から直接的な利益を受けるわけではないのですが、植物が豊かな年にはツバメの餌となっている飛翔昆虫もその恩恵を受けて大発生するので、ツバメもそのおこぼれに預かってこうしたパターンが生じるようです。餌が豊富にとれれば、単純に体調がよくなるだけでなく、早めに換羽を終わらせて出発準備を整えることができます。

換羽はヒトには馴染みの薄い現象ですが、鳥にとっては重要なイベントですので、ないがしろにするわけにはいきません。ツバメは毎年繁殖を終えた後にゆっくり時間をかけて全身の羽毛を換羽することで高い飛翔能力

***植物がすくすく育っている年**　昔はこうした情報は得にくかったが、最近では人工衛星などを利用したリモートセンシングを使うことで容易に越冬地の状況が分かる。

と美しい見た目を維持しています。鳥の羽毛は死んだ細胞でできていて日々傷む一方なので、最終的には換羽によって新調する他ありません。もちろん、羽毛を取り替えるためには、日常生活に必須の栄養以外に、羽の新調のために餌が余分に必要になるので、栄養の乏しい年は換羽が遅れてしまって出発の準備もなかなか進まないということになります。

観察する側としては1つの要因のみで決まっていてくれた方が楽なのですが、行動する側としてはいろいろな要因に左右されてしまうというのは、ある意味仕方ないところでもあります（図5－5）。私たち自身の行動にしても、たとえば「コタツをいつ出すか」というのは単にその日の気温のみによっては決まらないのと同じです。どんなに寒くても真夏にコタツを出すことはないでしょうし、季節の進行や仕事の忙しさ、当日の天気や翌日以降の気温にも依存します。もちろん周りの同調圧力に負けて否応なく、ということもあることでしょう。

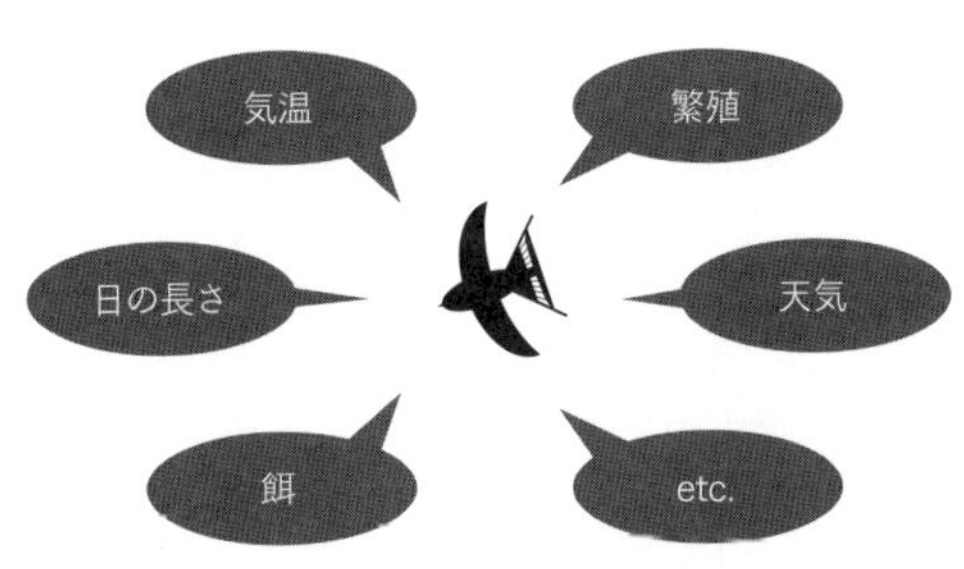

図5-5　ツバメが渡るタイミングはいろいろな外的要因に影響される。

往路と復路

春の渡りと秋の渡りでは、いつ渡るかという意思決定が少し違うかもしれないという話を紹介しましたが、同じように「どこを渡っていくのか」というルートの問題についても春と秋で違っているという報告があります。もちろん、春の渡りの目的地が秋の渡りの出発地となり、秋の渡りの目的地が春の渡りの出発地になるので、スタート地点とゴール地点は必然的に一致するのですが、よく考えると経由地は一致している必要がありません。日本は南北に長い国で、渡りをすると必然的に行きも帰りもルートが限られるので、結果的に似たようなルートを往復することになりますし、アメリカも狭いパナマ地峡を通ることが多いので、往復ルートの少なくとも一部は重複します。ただ、だからといって世界中どこでもみんな春と秋に同じルートを使っているのかというと、そうとも限らないようです。

ヨーロッパのツバメでていねいに調べたところ、行きと帰りで道筋が違っていて、渡りの往路と復路を合わせるとちょうどループ（輪）を描くように渡りを行っていたという話があります（図5-6）。これは季節に

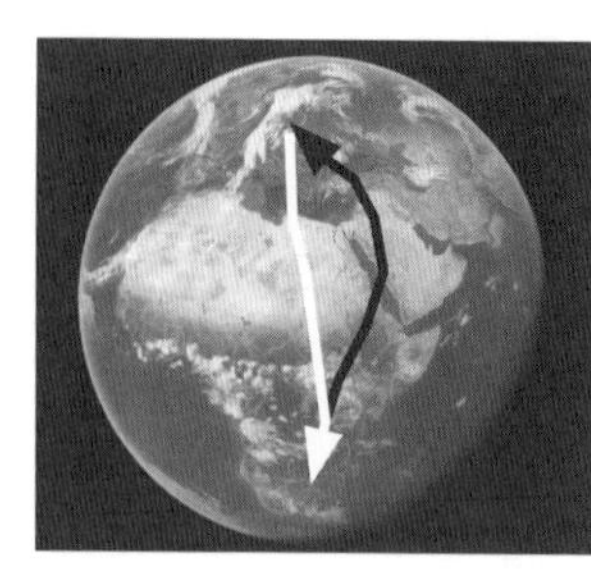

図5-6　ループを描く渡り経路。Briedis et al (2018) J Ornitholをもとに作成。背景画像はGoogle Mapより。

よってベストな中継地が変わることや気象条件、過去の状況などによって影響されるためだろうと言われています。全く同じルートを通った方が分かりやすい気もしますが、私たちも車でお出かけをする時に行きと帰りに違うルートを通ることはよくあります。途中休憩できるか、口コミで話題のランチを食べられるか、タイミング悪く渋滞などにまき込まれないか、などいろいろな要因が絡んできます。ツバメの具体的な意思決定はよく分かっていませんが、彼らも別に機械的にただ同じルートを往復しているわけではないようです。ベストなルートを行きも帰りも選択して、結果として日本やアメリカのように同じルートになることもあれば、ヨーロッパの例のように別のルートを選択することもあるのでしょう。

時計遺伝子

話が少し脱線してしまいましたが、渡りのタイミングの話に戻ります。ここでは少し方向性を変えて、タイミングが遺伝によって決まるのか環境なのかという問題を考えてみたいと思います。遺伝か環境かというのは何も遺伝という現象が学問的な枠組みを確立してからの話ではなく、日本語でも「氏か育ちか」という命題でもよく知られるように、わりと昔から興味を引く問題だったようです。「血は争えない」という感じで、なかばあきらめにも似た境地で遺伝の効果が語られることもありますが、実際のところ、生物の特徴は遺伝するからこそ進化して、世代とともに洗練されていくことになります。逆に言えば、遺伝しないものはどうしても進化しないので、遺伝するかどうか知ることは生物の特徴がどうやって決まっているか知るだけでなく、刻々と変わっていく地球環境に合わせて進化していけるかどうか知ることにもつながります。

遺伝を調べる一番分かりやすい話は、親子で似た傾向があるか調べることです。「孤児として育てられた少年が実は高貴な人物の子どもで、それがゆえに云々」というのは少年漫画の王道的な展開ですが、本人も周りも無自覚な特徴が育ちにかかわらず現れてくるというのはまさしく遺伝の効果です。実際にツバメの親子で渡りの時期を比べるとやはり親子間で渡りのタイミングはある程度似ていることが分かっていますので、渡りのタイミングにも遺伝が絡んでいると言えそうです。遅くともアリストテレスの頃にはツバメが季節とともにいなくなる*ことが知られているので、少なくともこの2000年間でそうした遺伝的な機構が確立されていてもそこまで驚くことはありません（推定方法によっては、1万5000年前には既に現在の渡りを確立していたという話もあります）。最近ではこのタイミングに関わる遺伝子の1つとして、時計遺伝子という遺伝子が働いていることも分かってきています。

　時計遺伝子というのは、1日の昼夜のパターンに合わせた生活や1年の周期的な活動に合わせて影響力（発現量）が変わることで、規則的な生活を可能にする遺伝子です。実際のところ、ツバメなどの渡り鳥だけでなく、渡りをしない私たちヒトの日常的な日周活動にも関与していることが分かっています。たとえば、なんとなく私たちが昼間起きて夜寝るのは単なる習慣づけのようなイメージをもちがちですが、実際には真っ暗闇のなかでも、こうした遺伝子の作用によって、24時間に近い周期で活動を続ける*ことが知られています。

　もちろん実際には暗闇で生きていけるわけではないので、普段は日光を浴びることで自動的に調節されますが、航空機で遠くの国まで一気に移動

＊ツバメが季節とともにいなくなる　アリストテレス著『ニコマス倫理学』のなかに「たった1羽ツバメが来ても夏にはならないし、1日で夏にもならない。同様に、1日やそこらで人が幸福になることはない」という趣旨の話がある。

＊24時間に近い周期で活動を続ける　いわゆる朝型人間と夜型人間では時計遺伝子に違いがあって、ある程度先天的に決まっているという話もある。

することで「時差ぼけ」して体内時計が乱れて困ったことのある方も多いことと思います（海外に行かなくても、テスト前などに徹夜してしまって、そのままリズムが狂うということもあります）。遺伝子が絡むと決定論的になる印象があるので不快に感じる方もいると思いますが、こうしたトラブルに見舞われると、普段の何気ない1日を支えている遺伝的な機構の大事さがよく分かります（図5-7）。1日のリズムと同様に、1年という単位で見ても、時計遺伝子が体内に周期的なリズムをもたらすことが分かっていて、実際、北半球と南半球では季節が真逆になりますが、そこに住んでいるヒトの時計遺伝子の季節性も真逆になっているそうです。

　この時計遺伝子についてツバメでていねいに調べたところ、多数がもつ遺伝子のタイプ以外に、一部は別のタイプをもっていて、そうした別タイプのツバメは他とは季節的な活動の周期が違うという報告があります。こう聞くと特殊能力を授かったアメリカンコミックの『X-メン』みたいでちょっとカッコよいですが、どんな遺伝子でもたいていは大なり小なり変異があって、個体差が生じている*ものです。もっている遺伝子のタイプによって渡りのタイミングが違っているということは、この遺伝子がタイミ

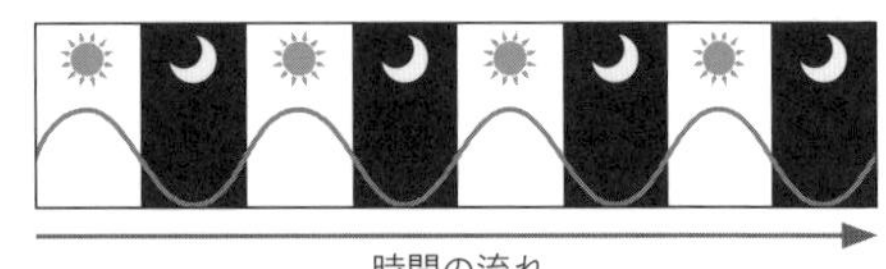

図5-7　1日のリズムが昼夜のタイミングに合うのは時計遺伝子のおかげでもある（波線は活動性の高さのイメージ）。

***個体差が生じている**　身近なところではA型、B型、O型などの血液型がある。血液型による性格診断は今のところ認められていないが、血液型はそもそも免疫（抗原・抗体）のタイプによって分類されるので、血液型ごとにかかりやすい病気、かかりにくい病気があることでも知られる。

ングになんらかの関わりがあるということです。具体的には、越冬地からの出発日、繁殖地への到着日、繁殖地からの出発日、越冬地への到着日にも遺伝子タイプ間で違いが見られるそうです。繁殖後のイベントについては他のイベントに比べると遺伝子のタイプによる違いがあまり見られなくなるそうですので、ミドリツバメの場合と同様、普通のツバメも繁殖が必然的にその後のイベントに影響して、遺伝子自体による効果を打ち消しているのかもしれません。

先に見た気温や日の長さなどの外的な要因ばかりでなく、ここで見た時計遺伝子のように、ツバメ自身の内的なリズムによっても、ある程度渡りのタイミングは決まってくるようです。体内時計や体内カレンダーが正常に機能していれば、常に日の長さをチェックしていなくても、ある程度季節感をもって年間スケジュールを立てられるのでしょう。

エピジェネティック・渡り

渡りの時期を決める要因として、興味深いのがエピジェネティクスです。

エピジェネティクスは最近流行の分野なのでどこかで聞いたことのある方もいるかもしれませんが、多くの人にとっては実感の伴わないものだと思うので、ゆっくり紹介していきたいと思います。エピジェネティクスは簡単に言えば、遺伝子の事後的な修飾によって、遺伝子の発現が結果的に調節されるもののことです。全く同じ遺伝子をもっていても、遺伝子がどういう風に修飾されているかによって、振る舞いが変わってきます。

「ちょっと何言っているのか分からない」と感じる方も多いと思います。

一般的に遺伝子といえば、二重らせん構造をとっているDNA（デオキシリボ核酸）の分子構造図、あるいは細胞分裂などの際に現れる染色体をイメージされるのではないでしょうか（図5-8）。遺伝子の設計図とも呼ばれるDNAですので、DNA分子が単体で細胞内に尊大に佇んでいる、あるいはこうした単体のDNAが凝集して染色体の形で浮遊していると思われがちなのですが、実態は違います。DNAは単体としてではなく、ある種のタンパ

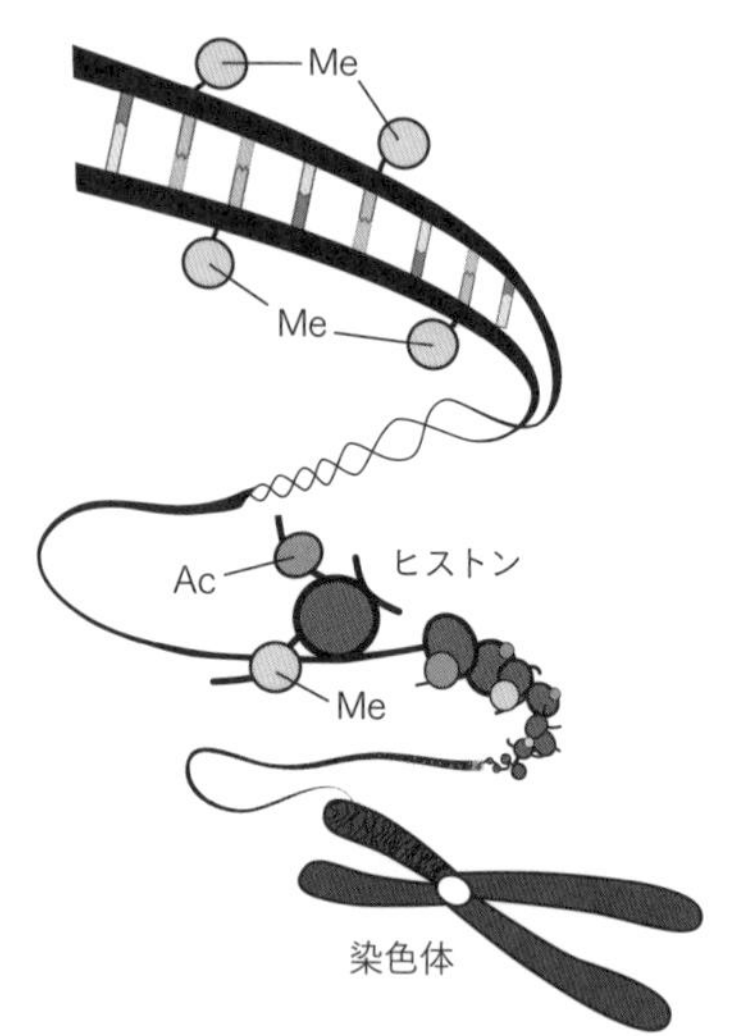

図5-8　修飾されたDNA。DNAの二重らせんがタンパク質（ヒストン）や化学物質（Me：メチル基、Ac：アセチル基）によって修飾され、コンパクトにまとめられて存在している（それがさらに凝集したものがいわゆる染色体）。Bergstrom & Dugatkin（2016）Evolutionを改変。カラー版は口絵27参照。

ク質や化学物質によって修飾された複合体として存在しています。

　この複合体が凝集して染色体を構成し、遺伝情報を使う際には凝集がほぐされて解読されていくわけなのですが、修飾がついているとその部分がうまく読み取れないことがあります。そうすると、遺伝情報としてＤＮＡには記載があるのに解読されず、結果として形態や生理、また行動などに遺伝情報が反映されないという事態が生じてしまうわけです。分かりやすく言えば、秘伝の料理レシピを汚してしまってところどころ読めなくなり、レシピに書かれた指示を実行できないという状況に近いかもしれません。

　エピジェネティクスが関与する現象として有名なものにミケネコの模様があります（図５－９）。ミケネコの毛色は染色体上にある毛色の発現遺伝子によって決まってきていて、茶色を発色する遺伝子と黒色を発色する遺伝子が両方あれば、地の白色と合わせてミケ（三毛）になります。ところが、体のどこの位置でこれらのスイッチがオンになるかは体の各部位の遺伝子が事後的に修飾されているかどうかによって決まってきます。この場合、たとえば黒色の遺伝

$X^{黒}$ ~~$X^{茶}$~~　~~$X^{黒}$~~ $X^{茶}$

メス：$X^{黒}X^{茶}$
オス：$X^{黒}Y$または$X^{茶}Y$

図5-9　ミケネコ。毛色の発現遺伝子は性染色体（X染色体）上にある。どちらかのX染色体は事後的にオフになるので、その場所の毛色は黒か茶かどちらか一方になる。オスは普通X染色体を１本しかもたないので、ミケになることはまずない。カラー版は口絵28参照。

子をもっていても、その遺伝子が事後的に修飾されていると毛色を黒くする指示が伝わらないので、該当する体の部位では黒色が出ないということになります。その結果、全く同じ遺伝子をもっている一卵性双生児のネコ同士でも、毛色のパターンが違うという状況が生じるわけです。

ツバメの渡りの場合には、前述の時計遺伝子が事後的に修飾されても、遺伝子が完全に無効化されるわけではないので、ミケネコの場合とは少し違います。こちらの場合は、遺伝子が修飾されると時間の感覚が変わって、時計の針を早めたように、ツバメが早く渡ってくることになるようです。「早く渡る遺伝子」をもっていなくても、遺伝子が事後的に修飾されれば早く渡ることができるし、繁殖時期をフルで利用することも可能になるということです。

渡りの前倒しはよいこと？

ちなみに、このエピジェネティックな修飾が大気汚染とリンクしているという話もあります。血液中に大気汚染物質が多く溶けているツバメほど、エピジェネティックな修飾が増えていたという報告があるためです。温暖化が進む今日この頃では、ツバメたちが渡ってくるのがどんどん早くなってきているという報告がありますが（図5-10）、この渡りの前倒しの全てが彼らの進化によって達成される適応的な対処なのではなく、（少なくとも一部は）汚染に伴って時計遺伝子がうまく機能していないせいもあるのかもしれません。季節感のない生活をしている現代人だけでなく、春の季語としても知られるツバメ自身が季節をちゃんと感じられなくなっているというのは、なんだか切ないことです。

一方で、「どうせ温暖化が進んでいるのだから、結果として早く渡ってこられていいじゃないか」と考える方もいるかもしれません。進化的な対応だろうが、汚染の結果だろうが、どっちにせよ早く渡ってくることに変わりはないし、温暖化が進んでいるということは、早く渡っておいた方が季節の前倒しに対応しやすいだろう、というわけです。ところが、最近の報告によれば、早く渡ってくるのが実際のところ子の死亡率を上昇させ

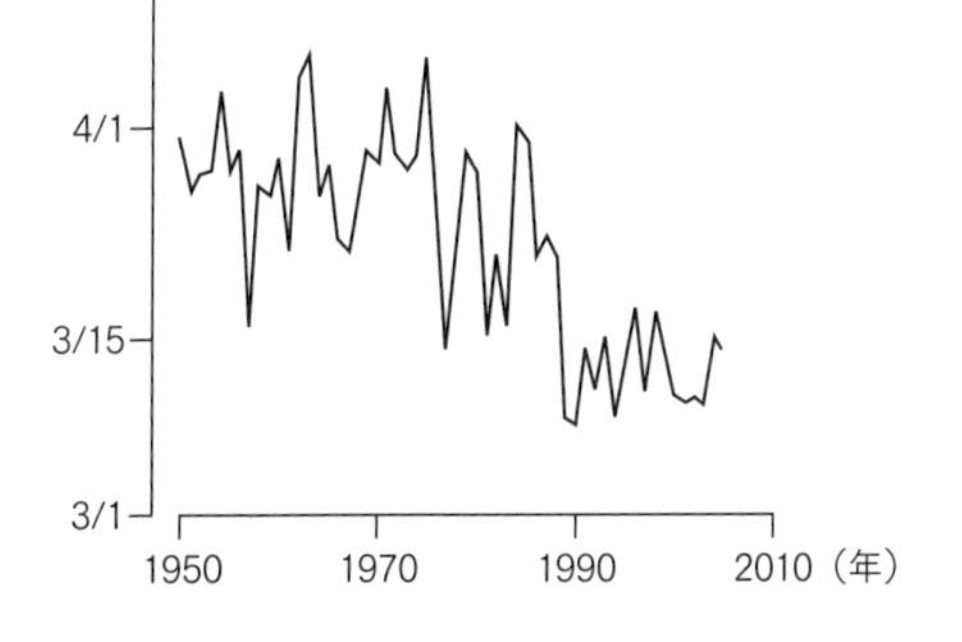

図5-10　ツバメのイギリスへの飛来日の年変動。Sparks & Tryjanowski（2007）Climate Resをもとに作成。

ていてよろしくないという指摘もあって、早く渡ってきてしまうことがむしろ状況を悪化させているという話もあります。早く渡ってきても餌となる飛翔昆虫の発生は主にその場の温度条件に左右されるのでタイミングが合わず、餌不足に見舞われてしまうためです。また後述するように、各ツバメにはそれぞれベストなタイミングがあるので、ただ早く渡ってくればそれでいいというものではありません。

渡り鳥の来る順番

ちなみに、渡り鳥はみんな似たようなメカニズムで渡りのタイミングを決めているのだろうと思われがちなのですが、実際に渡ってくるタイミングとそれを決める要因はそれぞれ種類ごとに違うようです。結果として、同じツバメの仲間でも各種が渡ってくる時期は違っていて、たとえばイギリスでは昔から普通のツバメの方がショウドウツバメよりも早く渡ってきていることが知られています。同じような空中生活をしている2種ですが（図5－11）、実際にいつ渡ってくるかは体の大きさや渡りの困難さ、餌の

図5-11　ショウドウツバメ（左）と普通のツバメ（右）。ショウドウツバメは少し小さい。口絵44も参照。

大きさ、もしかすると前述の大気汚染の影響など、いろいろな要素によってそれぞれ別個に決まってくるのでしょう。当然、温暖化の影響も等しく作用することはありません。イギリスでは、温暖化の進行に伴って渡りの順番が逆転して、最近はショウドウツバメの方がツバメより早く渡ってくるようになっているという報告もあります。

前述の七十二候も、基本的には生物の花鳥風月な振る舞いで構成されているので、たとえば「桜始開（さくらはじめてひらく）」の次の次が「玄鳥至」で、「鴻雁北（こうがんかえる）」が続きますが（図5-12）、今後温暖化がますます進むことで、七十二候の順番も現実に即していないことが増えていくかもしれません。私の子どもの頃は桜（ソメイヨシノ）も入学式前後に咲いて新生活の象徴のような植物でしたが、今はもっと早く咲くので、卒業式や別れの象徴として歌われることも多くなったと聞きます。変わるもの、変わらないものはあって当然ですが、古代中国や万葉の頃どころか、たった数十年前に生きていた人と現代に生きる人で全く違った季節感をもつことになるというのは少し寂しい気もします。

図5-12　マガン（雁の仲間）。ツバメとは違って、越冬のために日本を訪れる。

個々の事情

種間で渡りの適切なタイミングが違うのと同様、同じツバメという同種生物でも適切なタイミングは各自で違います。これは第4章で紹介したように、同じツバメという種でも各自の立ち位置が異なるためです。魅力的で経験豊富なツバメ、そこまで魅力的でもないけれど経験は豊富なツバメ、まだ経験の浅いツバメもいます。彼ら自身の生存能力の高さや、どれくらい繁殖できそうか、あるいは、これから向かう繁殖地にどれくらい競争相手のツバメがいるのかというのも違います。こうした違いがあるのなら、いつ渡ってくるべきかという最適なタイミングが各自の状況に依存するということも、そう不思議なことではありません。

たとえば、生存能力の低いツバメは一番乗りで繁殖地に入っても、春先の急な天候不良などで死んでしまうリスクが高くなるので、焦って一番乗りを目指しても仕方ありません。また、生存能力自体は高くとも、魅力に欠けるツバメは我先に繁殖地に入っても配偶者を獲得できずに待ちぼうけすることになるので、温暖な越冬地で待機していた方がお得です。繁殖経験のないツバメは、経験豊富なツバメの繁殖状況を見て繁殖場所を決めることになるので（第4章）、真っ先に繁殖地入りしても結局、他のツバメを待つことになります。

もちろん、性別によってもベストなタイミングは違ってきます。オスは早く来てよいなわばりを確保してメスを待つのがよいのですが、メスはオスの準備が整った頃に渡ってくるのがよいと考えられていて、実際オスの方が数日早く繁殖地に現れます。ちなみにオスがメスより早く繁殖の準備を整えるのはツバメのような渡り鳥に限らず、動物界にわりと広く一般に見られる現象で、モンシロチョウ（図5-13）もカブトムシもカエルの仲間もオスが先に繁殖準備を整え、メスを待ちます。

私たちが知っている通り、ツバメはみんな同じタイミングにやってくるわけではなく、一番乗りのツバメが繁殖地にやってきて、そこから徐々にツバメが増えていく、という感じで渡りが行われます。他のツバメがもうとっくに繁殖を始めた後で遅いツバメが呑気に繁殖地に現れることもよくありますが、そうした飛来のタイミングにばらつきが生じるのは、こういった個々の事情があるためということになります。

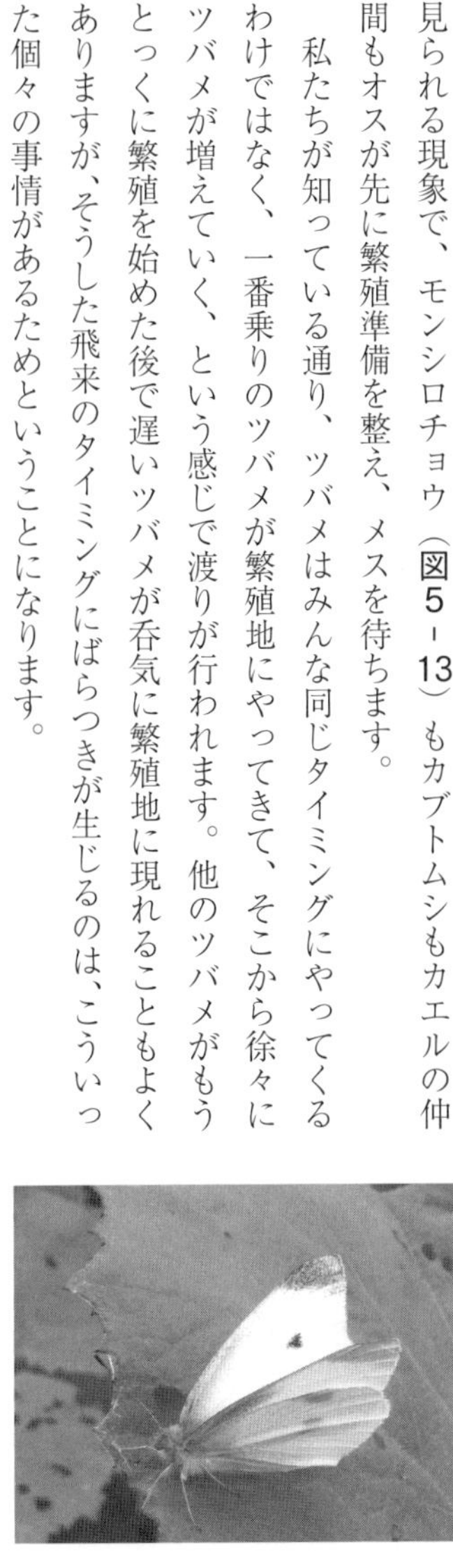

図5-13　モンシロチョウ。オスはメスより早く羽化して、メスを待つ。

なお、こうした事情を考慮すれば、誰が最初にやってくるかというのはある程度予想できます。オスかメスかで言えばオス、なかでも魅力的で経験豊富なオスが早く繁殖地に現れます。「ツバメなんてみんな同じだろう」と思うかもしれませんが、実際に観察してみると早く渡ってきたツバメは遅くに現れるツバメに比べて、人間の目から見てもシュッとしていて美しいことが多い*です。ぜひご自宅周辺でもツバメの容姿を見比べてみてください。

渡りと見た目

魅力に関して言えば、渡りをすること自体がツバメの美しさに磨きをかけているという話もあります。ツバメのごく近しい仲間で比べると、渡りをする普通のツバメなどの方が渡りをしないリュウキュウツバメなどに比べて燕尾がよく発達しているためです（図5-14）。これはツバメの仲間に限った話ではなく、他の鳥でも渡り鳥の方が渡りをしない定住性の鳥（いわゆる留鳥）よりも美しくなるという傾向があると言います。なぜそうな

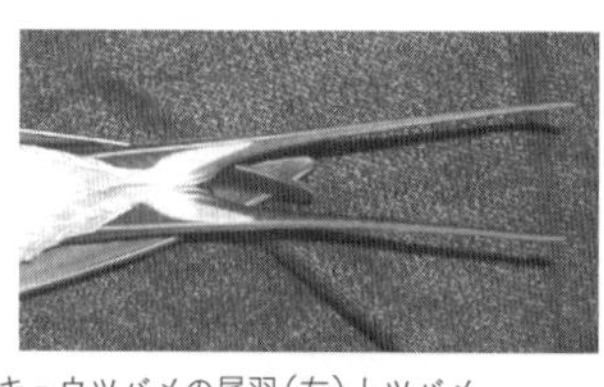

図5-14　リュウキュウツバメの尾羽（左）とツバメの尾羽（右）を腹側から見たところ。ツバメの燕尾はよく発達している。口絵40も参照。

＊人間の目から見てもシュッとしていて美しいことが多い　ちなみに、オスの渡ってきた順番を正確に知らないはずのメスも、どのオスが早く来たかはどういうわけかだいたい分かっていて、早く来たオスが（見た目とは別に）モテるという。

るのかは諸説あるのですが、結果として異性を選ぶ機会が渡りという行動によって増えたと考えるのが素直な見方だと思います。

渡りをすることで必然的に配偶者とはぐれてしまったり、配偶者が生きて戻ってこられなかったりすることで、異性を効果的に惹きつける特徴が進化しやすくなるというのはありそうなことだと思います。渡りをすることで結果的に配偶者と添い遂げられなくなってしまうことが美しさの進化を促進するというのはなんだか皮肉ですが、相手の中身を知らないうちに相手を評価するには、どうしてもすぐ判断できる見た目の基準が大事になってくるのかもしれません。

逆に、渡りをしないリュウキュウツバメなどは渡りをする普通のツバメに比べて赤い羽色がよく発達していることが知られています（**図5-15**）。渡りをしないのであれば配偶者とはぐれてしまうリスクは下がる一方で、1年中同じ場所にずっといるのなら、よい場所を確保する利益が高まり、ライバルを威圧する特徴がより大事になってくるのでしょう。実際、赤い喉はなわばりの獲得

図5-15　リュウキュウツバメの顔（左）とツバメの顔（右）。リュウキュウツバメの方が赤い部分が大きい。口絵1、39も参照。

や防衛とリンクしていることが知られていて、赤い喉のオスほどよいなわばりを獲得して維持できることが分かっています。「渡りをするかしないか」という単純な二択が、繁殖時の決断や見た目の特徴にも連鎖して効いてきていることになります。第3章では渡りをすることが競争能力の減少となぜかリンクするという話を紹介しましたが、これについても渡りに伴う必然的な変化の1つとして捉えると分かりやすいと思います。

渡りという負荷

もちろん、魅力以外にも渡りをすることは鳥のさまざまな特徴に影響します。より渡りに適した体の特徴、たとえば、翼が長くなったり、渡りの前にはいつもより余計に食べてたっぷり栄養をつけるようになったり、いろいろです。渡り前の栄養補給に関しては、多い時では3割程度体重を増やして不測の事態に備えることが知られています。3割と言わず、もっともっと栄養をとった方がいいような気もしてしまいますが、栄養をつけ過ぎると今度は重過ぎて飛ぶのが下手になるので、適度な体重を維持することになるようです。童話『親指姫』では、ツバメが親指姫を乗せて渡りをする描写がありますが、重荷にしかならない親指姫を乗せて渡りをするな*ど、とても無理です。

もちろん、渡りに適した形態をもち、栄養さえ積めばそれでいいというわけではありません。渡りという体力を消費するイベントに合わせて、渡り鳥は体の中身、いわゆる生理的な状態も作り替えていることが分かっています。たとえば、渡り鳥と定住生活の鳥では血液の成分組成も違っていて、ツバメなどの渡り鳥は効率的に酸素を取り込んで運搬できるように赤血球が多くなっていることが知られています。ちなみにこの血液の成分組成の変化は渡りの時期に特に目立つのですが、燕尾の発達したオスのツバメほど赤血球の配分が増えることが知られています。これは、燕尾に飛翔コストがあり、燕尾を発達させるほど渡りで多くの酸素を必要とするためだと考えられています。ツバメは渡りという既に酸素が必要な活動をしているにもかかわらず、さらに酸素を消費してしまう燕尾を発達させているということになります。自分にあえて負荷をかけるストイックなアスリートをイメージさせる話ですが、そうすることで、メスとしては質の高い異

***親指姫を乗せて渡りをする**　『空想科学読本』で有名な柳田理科男さんによれば親指姫は6歳の時点で体重が21gになるはずという。ツバメ自身の体重が20gほどなので、自分と同じ体重の荷物を運ぼうとしていることになる。出典：http://www.allnightnippon.com/kagaku/index.cgi?line=43&go=next

性を厳選できるのかもしれません。

渡りと人生の分かれ道

渡りをすること自体が、彼らの集団としての特性そのものに影響していくという話も出てきています。渡りのルートが変わることで、ルートの違うグループ同士が交流しづらくなって、別々の集団に徐々に変わっていくことになるためです。こうした渡りルートの分岐は英語では「マイグレタリ・ディヴァイド」という名前の現象として最近よく研究されています。映画『ハリー・ポッター』シリーズに登場する呪文のような名前ですが、別に魔法が使われているわけではなく、単に「渡りのルートが分かれる」という意味の現象です。

日本など、アジアで繁殖するツバメはヨーロッパで繁殖するツバメと同じ種で、お互いに繁殖することが可能なはずなのですが、実際にはヨーロッパのものに比べて尾羽が短かったり、体のサイズが少し小さかったり、喉の赤い部分が大きかったりという違いが見られ、遺伝子も違っています。

ヨーロッパのツバメからアジアのツバメが分化したことが分かっているので、どうしてヨーロッパのツバメからアジアのツバメが分かれたのか、長らく不思議に思われていたのですが、最近の研究によれば、どうやら前述のマイグレタリ・ディヴァイドがその一端を担っているようです（図5-16）。

どういうことかというと、ヨーロッパからアジアに至る範囲で、渡りの経路が必然的に変わってくることで、お互いの遺伝子が混ざらなくなって、アジアの集団が分化したというのです。遺伝子が混ざらなくなれば、後はそれぞれの地域に合った特徴が進化していくことになります。

繁殖地だけ見ると、ヨーロッパからアジアは確かに地続きになっているのですが、渡りを考えると、その途中にはヒマラヤ山脈という大きな障害があります。ヨーロッパのものは必然的にヒマラヤ山脈を西に迂回するかたちで、アジアのものはヒマラヤ山脈を東に迂回するかたちで渡りをする結果、繁殖地の地理自体は地続きとなっているものの、渡りを行う

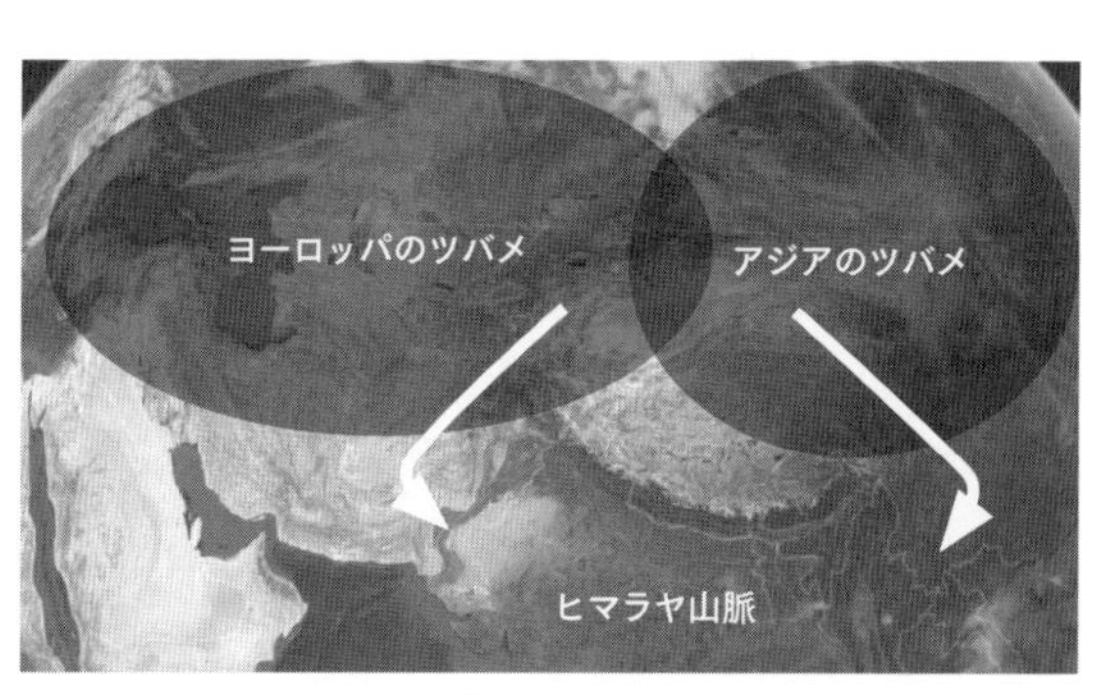

図5-16　ユーラシア大陸での「マイグレタリ・ディヴァイド」のイメージ。ヒマラヤ山脈の西を通るルートと東を通るルートで分かれる。Scordato et al（2020）Ecol Lettをもとに作成。背景画像はGoogle Mapより。

がゆえに、ヨーロッパタイプ、アジアタイプそれぞれ繁殖可能な地域が限られてきて、遺伝的に交流しづらくなったということになります。渡りをすると広範囲に移動できることになるので遺伝的にも交流しやすくなりそうなものですが、渡りをするからこそ、ルートも、その後の進化の道筋も、分岐したことになります。

渡りの逆転？　アルゼンチンのツバメ

「渡りのルートがほんのちょっと東西にずれるぐらいで集団が孤立してしまうのなら、南北に変わる場合はどうなのか」とお考えになる方もいるでしょう。日本は南北に細長い国で、北海道から鹿児島までツバメが繁殖していますが、よく見ると北と南で少し見た目が違うことが知られています。同様のパターンはヨーロッパなどでも知られていて、南北のツバメは交流する機会があっても、完全に均一に混ざるわけではないようです（もし完全にごちゃまぜになるなら、地域による差はなくなってしまうはずです）。先のヒマラヤ山脈の例ほどクリアに分かれるわけではないですが、それでも繁殖地が少し離れるだけでも集団の交流は減ってしまっているようです。

それどころか、繁殖場所の緯度が変わるのに伴って、渡りの方向やタイミングがまるまる変わってしまって、新天地を開拓した極端な例も知られています。これは、南アメリカのアルゼンチンで繁殖することになったツバメのことで、彼らは北に渡るツバメにとっては越冬地である場所で繁殖します（図5－17）。一番初めに本来越冬地であるはずの場所を繁殖地としたのは、単に気候が優れていて偶然繁殖できてしまっただけなのでしょう。しかし、その後も子孫がそこで繁殖を続けられたのは真逆の季節進行に合わせて行動していけたからこそです。センサーをつけて調べたところ、アルゼンチンで繁殖しているツバメは北アメリカで繁殖していた祖先とは逆に、繁殖が終わると北に旅立っていくことが知られています。

さらに、繁殖の時期も逆、渡りのタイミングも逆、換羽の時期も逆と、全てが逆転して、1年のスケジュールは北アメリカで繁殖する祖先の行動を鏡で映したようになっていると言います。アルゼンチンでの繁殖はたった30数年前に見つかったばかりなので、この短い期間でツバメは新しい渡

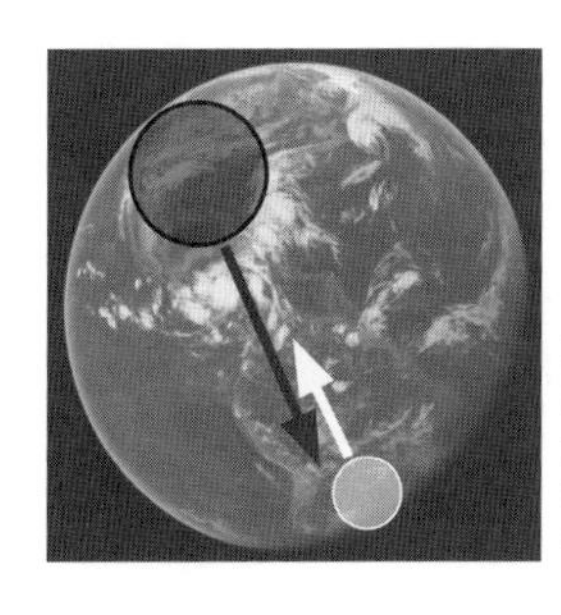

図5-17　アルゼンチンで繁殖するツバメ（白）は北アメリカで繁殖するツバメ（黒）とは逆方向に渡るという（ただし、パナマ以北には渡らないらしい）。Winkler et al (2017) Curr Biolをもとに作成。背景画像はGoogle Mapより。

りのシステムを開発したのだと考えられています。もちろん、ツバメの仲間でも南半球で繁殖して渡りをする種類はいるので（図5－18）、南半球で繁殖すること自体は特別な現象ではないのですが、来春の旅立ちを控えて越冬しているツバメと北から渡ってきて繁殖中のツバメが同じ場所で顔を見合わすというのはなんだかシュールです。彼ら自身がお互いをどういう風に捉えているのか、知りたいところです。

ツバメが運ぶのは春？　それとも……

渡り鳥であることは、自分自身の特徴をいろいろと変化させるだけでなく、周りの生物にも影響を与えます。たとえば、定住性の生物に比べてはるかに大きな距離を移動することで、結果的に物質の移動にも影響します。こうした現象のなかでも分かりやすいのが種子散布で、渡り鳥が渡り前後に種子を食べ、消化してウンチになって出てくるまでの間に移動することで、種子を遠くまで運ぶことに貢献します。植物側は食べられてしまうことで被害に遭っているように見えがちですが、実際のところ（鳥に運ばれ

図5-18　南半球、マダガスカルで繁殖するムナフショウドウツバメ。一部は渡りをするらしい。

ることで）分布域を広げることにつながるので、植物が渡り鳥をうまく利用していると見なすこともできます。

第3章で紹介した通りツバメの仲間は基本的には飛翔昆虫を食べますが、ツバメの仲間でも案外種子を食べ、種子散布に貢献しています。先に登場したミドリツバメなど、種子を多く食べるものも知られていますし、虫ばかり食べているように見える普通のツバメですら、冬期は種子を食べて種子散布に貢献していることが知られています。

渡りと寄生虫、腸内フローラ

同じように、寄生虫や病気も渡り鳥が運ぶのではないか、という話もあります。何も種子散布のように消化管を通過しなくても、体の上や内部にとどまってさえいれば、渡り鳥が移動を助けてくれることになります。感染者の移動が病気の蔓延につながることは、近年のパンデミックで私たち自身も経験ずみです。蔓延を防ぐために、いかに感染者の移動と拡散を防ぐのか、空港などで水際対策がいろいろと講じられていることをご存じの方も多いことでしょう。

実際、ツバメの仲間でも感染者の移動経路が調べられています（図5-19）。たとえば、ヨーロッパで繁殖中のツバメで鳥マラリアという寄生虫をよく調べてみると、同じ地域で越冬していたツバメで相次いで感染が確認されたという話もあります。この例では、乾燥地帯で越冬していたツバメよりも湿潤環境で越冬していたツバメに鳥マラリアがよく見られました。鳥マラリアはヒトのマラリア同様、蚊を媒介して感染が広がっていくものなので、渡って行った先で感染すれば、繁殖地にいる別のツバメも感染リスクに晒してしまっているということになります。鳥にとっては、まさに特定の越冬地に行くからこそ、自身が感染し、古巣に帰省中に寄生虫をばらまいてしまうことになります。パンデミック中にいくら帰省を中止してと言っても自分は大丈夫だと過信して感染を広げるようなものです。

鳥だけの病気であれば興味深い現象だということで話が済むのですが、なかには人獣共通の病気、たとえば鳥インフルエンザなどがツバメに乗ってやってくることを心配される方もいると思います。実際、こうした方面でも研究は進んでいます。しかし、少なくともツバメやその他多くの小鳥

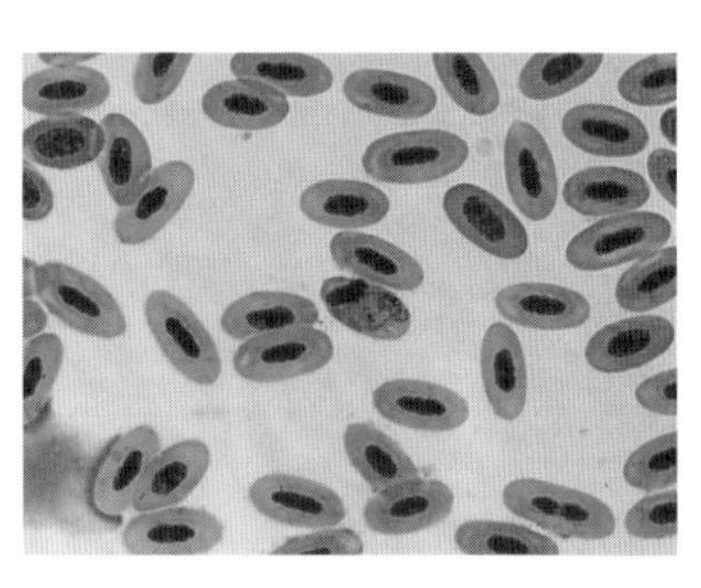

図5-19　鳥類の血液寄生原虫(Avian haemosporidia)。写真中にたくさん表示されている細胞は赤血球（鳥類の赤血球は哺乳類の赤血球と違って核があることに注意）。血液寄生原虫に感染した赤血球は細胞が濁っているように見える(中央の細胞)。写真©佐藤雪太。カラー版は口絵22参照。

類に関してはこうした病気を拡散させる可能性は極めて低く、私たちが心配する必要はないようです。むしろ、ツバメは寄生虫を媒介する蚊などを食べてくれる側なので、迫害するとかえってヒトにとっては悪い影響が出てきます。第3章でも紹介しましたが、1つの側面しか見ずに手前勝手な行動をするのは愚かだと思います。少なくとも、これらの病気を理由に巣を落とすのは間違いだと言えます。

病気が越冬環境に由来するように、ツバメの体にすんでいる他の生物も越冬地によって影響されてきます。実際、体調管理に欠かせない腸内フローラも繁殖地の状況だけでなく、どこで越冬するかによって影響されることが知られています（腸内フローラの詳細については第3章参照）。食べたものが腸内フローラに影響することを考えれば当然と言えば当然ですが、繁殖地だけを見ていると気づかない要因が絡んでいることになります。こうした越冬地で獲得した腸内フローラも繁殖活動を通じて繁殖地の別のツバメに広がっていくことになります。

本章では、ツバメがまさに渡り鳥であることがツバメ自身のさまざまな特徴や周りの生物に与えている影響について紹介してきました。分かりやすく越冬地（図5-20）や渡りのルートが直接的に影響することもあれば、他の生物などを通じて間接的に影響することもありますが、どちらも繁殖地しか見ていなければ見逃してしまうものです。第1章では渡りをすることで繁殖地と越冬地という2つの環境を味わうことになる、という説明をしましたが、実際には渡りをすることでルートの問題だったり、タイミングの問題だったり、別の越冬地から来たツバメと関わったりで、はるかに多様で複雑な問題に対処していくことが必要になっていきます。さて、最後の章となる第6章では、こうした環境に生きるツバメの世界を総括していきたいと思います。

図5-20　越冬地のツバメの仲間。スリランカで撮影されたもので、種類は不明（右下、中央にツバメの仲間が写り込んでいる）。写真©水野佳緒里

ツバメ豆知識 2

渡り鳥研究と標識調査 ～ツバメとの深い関係～

山階鳥類研究所　森本 元

私たちは鳥が渡りをすることを知っています。たとえば夏鳥は、春から夏にかけて日本で繁殖のために過ごし、越冬のために南へ渡っていきます。冬鳥は越冬のために日本へ渡来し、春になると繁殖のために北へと旅立ちます。そして本書の主役であるツバメも、繁殖地である日本と越冬地である東南アジアを行き来しています。

しかし、よくよく考えてみると、これは何とも不思議な現象です。なにせ、ツバメの体重は20g程度。大きさはヒトの手のひらほどしかない生き物なのです。ここで仮に、我々が鳥の渡りに関する知識をもっていないとしましょう。その状態で、この小さな身近な生物が「はるか遠くの別の国に飛んでいけるのだ」と聞かされたら、果たして信じられるでしょうか。知識をもつということは大変興味深いことで、自分自身はそれをする能力がなく、しかも見たわけですらないにもかかわらず、疑うことなくそれを信じることができてしまいます。これは逆説的には、その知識がなければ、同じことを聞かされてもすぐには信じられないということでしょう。そして実際、数千年前のヨーロッパでは、春になると現れ秋になると姿を消すツバメは、池の底に潜って冬眠しているのだろうと信じられていたそうです（本書の姉妹書である『ツバメのひみつ』参照）。鳥の渡りという知識のない時代のヨーロッパの人々にすれば、「少し前にあなたが近所で目にしていた小鳥が、今はアフリカにいるよ」と聞かされたとしても、眉唾な話に違いありません。

では、鳥が「渡りをする」と分かったのはいつなのでしょうか。春になれば桜が咲き、秋になれば葉が落ちるように、春に「ホーホケキョ」と聞こえていたウグイスの声は冬には聞こえなくなります。こうした、ある時期に目の前にいた生物が、別の季節にはいなくなることは、古代から誰もが経験的に知っていました。しかし、その姿を消した鳥たちが、いったいどこで何をしているかは、誰かが疑問に思って調べ始めるまでは、よく分かっていなかったのです。渡りが調べられ始めたのは、正確には、わずか100年ほど前のことです。それより前にも鳥が姿を消す仕組みについてさまざまな説が唱えられていましたが、どれもあくまで仮説であって、証拠がありませんでした。直接的な長距離移動の証拠は、1822年にドイツで発見された矢の刺さったシュバシコウというコウノトリの一種です。この鳥のくちばしに刺さっていた矢は、アフリカで狩猟に使用されているものでした。その例数はそれ以降も増えていき、この鳥種がドイツとアフリカ間の長距離移動をしてい

ツバメ豆知識 2

るのではないかという仮説が、人々の間で真実として確信を増していきます。

ただし、これが渡りの最初の知識というわけではなく、この事実が受け入れられた背景には、鳥がどこかへ移動していることを示唆する間接的な証拠（観察例）がいくつも積み重なり、「そうなのだろう」と人々が信じうる土壌がすでにある程度できていたのだと推察されます。ここでも、ツバメは主役級です。1797年の英国の文献に、ツバメの大群が島間を北に向かって飛んでいくのを見たという目撃例が記録されています。19世紀初め頃の時点で、ツバメに関するそうした観察例が各地の海で報告されており、環境が適さなくなると移動するようだという理解が広まっていたことを伺わせます。

そして、いよいよ鳥が「どこへ移動しているのか」を明らかにするための研究が始まります。それが鳥類標識調査です。バンディング（またはリンギング）とも呼ばれています。この調査では、野鳥を主にかすみ網などを使って一度安全に捕獲し、金属製の足環（あしわ）を装着して放します。そし

日本の鳥類標識調査で用いられている足環。写真のものはツバメ用のサイズ。鳥の足の太さに合わせてさまざまな大きさがあり、放鳥国が分かるよう「JAPAN」の刻印がある。口絵30も参照。

て、その個体が別の場所で再捕獲された時、どこからどこへ移動したのかが明らかになります。装着した足環には、1つ1つに個体専用の番号が刻まれていますから、動かぬ証拠になるのです。この調査は、デンマークの鳥類学者によって1899年に開始されました。そしてこの調査方法は陸続きであるヨーロッパ各地に広がり、今では世界の多くの国で実施されています。標識調査が最もさかんな国の1つ、英国では、1911年に放鳥されたツバメが18カ月後にアフリカで発見され、その越冬地が明らかになりました。

日本では、現在、山階鳥類研究所が環境省からの委託で長年、標識調査を実施しています。日本の標識調査は1924年に農商務省によって初めて行われ、戦争で一時中断した時期がありますが、その後、1961年から農林省が同研究所に委託して再開し、1972年に環境庁（現在の環境省）へ移管されて現在に至ります。ツバメは民家の軒先で繁殖するなど、日本の人々にとって最も身近な鳥種の1つですが、その越冬地の詳細な場所は長らく分かっていませんでした。今では100例以上の日本と海外間のデータが蓄積され、主な越冬地が台湾や、フィリピンやマレーシアといった東南アジアなどであることが標識調査から明らかになっています。

ただし、その道のりは簡単なものではなかったのです。標識調査が普及している欧米と

ツバメ豆知識 2

は異なり、アジア圏に目を移すと、日本の周辺の国々では標識調査はほとんど行われておらず、日本で足環を装着しても海外からの報告は多くなかったのです。それが長年にわたる人々の努力の積み重ねにより、徐々に明らかになってきたのです。たとえば、1964年から7年間実施された米軍の移動動物病理学調査において行われた標識調査は、東南アジアにおけるウイルスや寄生虫の分布を調べる調査ですが、ここではその運び手である渡り鳥の移動が調べられました。また、外務省のODA（政府開発援助）の支援などを受けて、こうした地域への標識調査の技術指導と普及を図るなど、長い時間をかけてアジアでの鳥類調査体制が改善し、発展してきたのです。その結果、以前は分からなかったアジアの鳥の渡りが少しずつ明らかになってきました。その最たる例がツバメなのです。

この調査は、ボランティアの調査員（バンダーと呼ばれます）によって行われています。たとえば、欧米や日本では各地にこうした調査員がおり、定期的に標識調査を実施しています。調査員間で同じ番号の個体が捕獲されて移動が明らかになるだけでなく、窓ガラスにぶつかって保護された個体に足環が付いていたり、道端に落ちていた鳥の死体の足環に気づいた一般の人が届けてくれたりして、毎年たくさんのデータが集まります。ただし、欠点もあります。標識調査では、あくまで「放鳥地」と「再発見された場所」という2つ

ツバメ豆知識 2

の場所を結ぶデータしか収集できません。しかし1羽では2点しか結べないデータであっても、それをたくさん集めていくと、点が線となり、線と線が重なり、道のようになって移動ルートの全体像が見えてきます。また近年では、以前は大型の鳥にしか装着できなかったジオロケーターやGPSといった電子的な追跡機器（172、184頁参照）が進歩して年々小型化し、小さな鳥に装着できるサイズのものが開発されつつあります。こうした機器は高価なこともあり少数個体にしか装着できないものの、詳細な追跡結果が得られ、特定個体の渡りの途中経路、繁殖地、越冬地が明らかにできます。こうした機器の使用例では、特定の鳥種数羽から数十羽に装着し、特定の調査地で実施され、期間も数年間という研究が多いです。他方、標識調査は安価に複数の鳥種を対象として、日本全国各地で毎年約15万羽の個体に装着できます。データはざっくりしていますが、面的にさまざまな事例が得られるのが利点です。今では、足環による研究と追跡装置による研究の知見を合わせることで、各種の渡りが明らかになってきています。たとえば地域による渡りルートの違いや、春と秋の渡りのルートが異なる事例、気候変動の影響と考えられる渡りのタイミングの変化（春に渡り鳥が早くやってくるようになった）など、さまざまなことが分かってきています。

第6章

「ツバメ」として生きる

ヒトの世界、ツバメの世界

ツバメの世界観や周りとの付き合い方についてここまで紹介してきました。本章が最後の章となりますが、ここで今一度、本書を読む前に想像されていたツバメの世界と、本書を読んで捉えたツバメの世界を比較してみていただけるとうれしいです（図6-1）。読む前は単純な生き物だと無意識にツバメを見下してしまっていた、あるいは逆にツバメとヒトを同一視して擬人化させてしまっていたなど、いろいろあると思います。もちろん、「読んだけど、特に印象は変わらなかった」ということもあるかもしれません。

それでも、私たちのすぐそばで生活し、子を育てているはずのツバメが案外独特の世界に生きていることは納得してもらえるのではないでしょうか。音の聞こえ方、ものの見え方や感知の仕方、周りの他種、また同種社会との関わり方も、ヒトとツバメではずいぶん違うようです。あいにくと全ての側面でヒトと同程度の情報が得られているわけではないので簡単に比較できないところもあります

図6-1　電線に止まるオスのツバメ。見えている景色も、聞こえている音も、周りの生物との関わりもヒトとは違う。

し、物理的な制約や祖先の選んだ進化の道筋から逃れられないというところも確かにあります。それでも、ヒトはヒト、ツバメはツバメで、自身を取り巻く環境に合った生き方を目指していると言えそうです。

環境に合った生き方

「そんなの当たり前だ」とお考えの方もいることでしょう。「ヒトはヒトに合った感覚と世界観をもち、ツバメはツバメに合った感覚と世界観をもつ。こうして築き上げられたものがさらに各々の世界を積み上げていく」というのは、確かに当然と言えば当然です。しかし、この当たり前が通じないのが広く普及しているヒト中心の考え方です。単細胞生物から多細胞生物へ、多細胞生物のなかでも下等なものから高等なもの、その頂点にヒトが存在し、ヒトが万物の霊長で最高傑作だとする、いわゆる「自然の階段*」としても知られる誤った考え方です。

こうした見当違いの見方はもうとっくの昔に、それこそダーウィンの時代には非科学的だと否定されていることではあります。実際は、それぞれ

***自然の階段**　無機物、下等植物から順に、下等動物、高等動物、最上位に人間というように、序列に沿って階段を1段ずつ登るように生物が進化したはずだとする考え方。古くはアリストテレスが同様のことを言っている。自然の梯子とも呼ばれる。

の生物がそれぞれの進化の最先端にいて、それぞれに合った世界観を確立しています。生物間で共通する特徴も、お互いにかけ離れている特徴もありますが、目指す方向がそもそも違うので、どちらが上とか下とかいうことはありません。実際、状況次第で、多細胞生物から単細胞生物が進化することもありますし、進化の長い歴史で獲得した目や脳、神経、筋肉といったせっかくの「高尚な能力」を捨て、いわゆる「下等生物」然として生きるホヤのような生き物もいます（図6-2、図6-3）。こうした生物になんとなく違和感をもってしまうのは、知識として「自然の階段」が間違っていることを知っていても、どうしてもヒトがもつ特徴こそが優れたものだという幻想から抜けきれないというのが正直なところなのだと思います。

本書は最初から最後まであくまでツバメとその近縁種に焦点を当て、ツバメがヒトとは違う生き方をする生物であることを強調してきました。その一方で、そうした生き方をもたらした根底にある機構自体は、ヒトもツバメも大して変わらないことも紹介してきたつもりです。同じように自らの子孫をできるだけ残していくという過程のなかで、対処すべき課題（環

図6-2　ホヤ。成長とともに目も脳も神経も筋肉も全て消失して固着生活を送る。写真©宮城県水産技術総合センター

境）が両者で違っていた、ただそれだけのことです。

同じような場所でがむしゃらにがんばっても、目指すところが違えば当然その世界観も実際に対処すべき問題も違ってきます。言ってみれば、科学者と政治家を目指す学生の前に立ちはだかる問題とその対処法が全く違うのと同じです。たとえお互いの問題やその対処法が理解できなくとも、相手を否定したり、軽視したりするのは筋違いです。同様に、ヒトの世界観はヒトの世界観として、ツバメの世界観も、ヒトとは違う進化の方向性を目指したゆえに形作られた世界観として、あるがままに認めていただけますとうれしいです。

ツバメの世界を決めた要因

「抽象的過ぎていてよく分からない」という声も聞こえてきそうです。「環境に対処してきた結果として現在のツバメがあると言うけど、結局その環境って一体何なの」とモヤモヤされる方もいることでしょう。環境という言葉はわりと漠然としているので、ツバメ

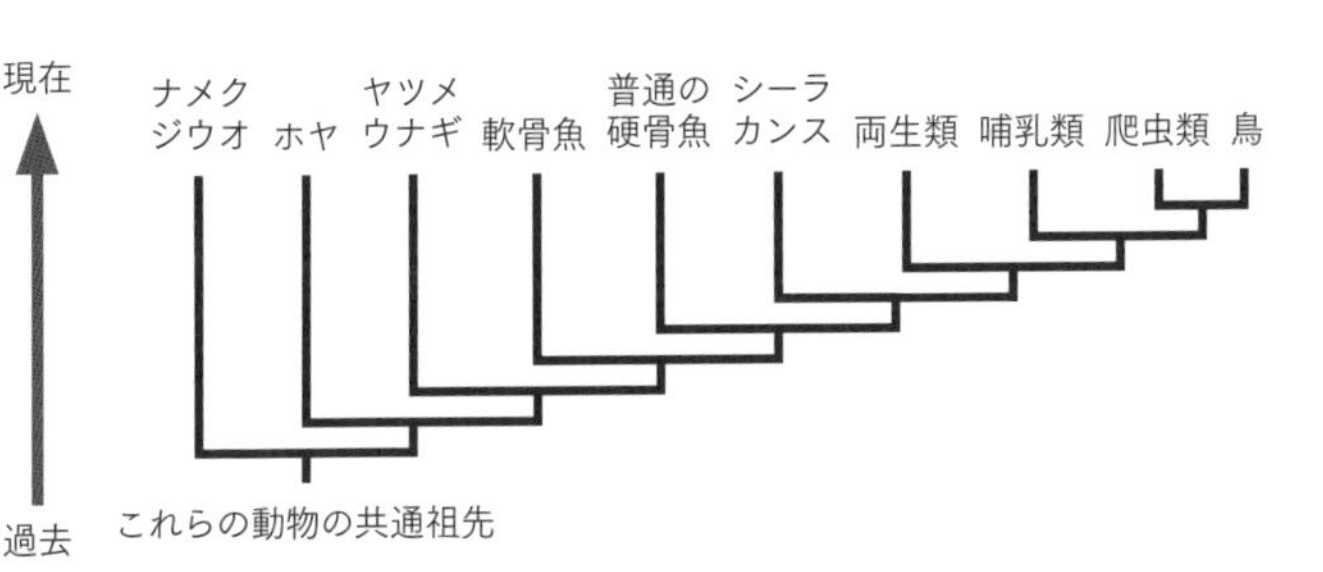

図6-3　脊索動物の系統樹。進化の歴史は分岐と多様化の歴史でもあり、全員がそれぞれの進化の最前線にいる。系統樹の見方については付録1参照。

の生き様と世界観を決めた究極的な要因が結局何だったのか、もう少しピンポイントで具体的に知りたいという方もいるでしょう。そこで、以下ではここまで紹介したツバメの世界を濃縮して、ざっくりまとめてみたいと思います。

もちろん、ここまで紹介したようにさまざまな要因と多種多様な生物と関係性が複雑に絡んでいるので、ひとことで答えるのはなかなか難しいものではあります。利用する空間の物理（無機）環境、異種や同種からなる有機（生物）環境はどれも全てツバメがツバメとして存在する上で欠かせないものです。しかし、そのなかでもツバメの世界を形成するのに大きく貢献した要因をあえて選ぶとしたら「餌」なのではないかなと私個人としては考えています。ツバメ研究者の総意というわけでもないので異論もあると思いますが、ここではひとまず餌を1つの軸として考えてみましょう。そうすることで、ツバメが現在の世界観を得るに至った環境についての理解が深まると思います。

まず、餌として飛翔昆虫をメインに食べるからこそ、ツバメはそれに欠かせない視覚システムを得て、縦横無尽な飛翔能力を進化させたことになります。第2章に登場した通り、ツバメだけではなく、タカなど空中採餌する鳥類は似たような視覚システムをもっているので、採食様式に合わせた収斂（しゅうれん）進化が起こったのは間違いありません。ツバメと似たような生活を送るアマツバメの網膜にも他の鳥には珍しい前方方向へのくぼみ（フォビア）が見られるという報告もあるので、飛翔昆虫食であることと視覚、また飛翔能力にも密接なつながりがあることになります（図6-4）。

そして、飛翔昆虫の特性が彼らの社会システムを進化させることにもなります（図6-5）。特に、出現予測が難しいプランクトンを食べるツバメの仲間では、一度見つけた餌は仲間内で情報共有しつつ、効率よく食べた方が都合がよいため、集団生活をすることが有利になります。詳細は第3章に記していますが、こうした小さな飛翔

図6-4 ヒメアマツバメ（上）とイワツバメ（下）。アマツバメの仲間とツバメの仲間は収斂進化の結果、よく似た特徴を進化させたと考えられている（左上下の写真のように、よく見るとサイズ感や体型も違う）。

昆虫は風や上昇気流に容易に影響されるので、自力でどんどん飛翔する大型の昆虫とは違った挙動を示します。同じ「飛翔昆虫」という名で呼ばれていても、捕食者（ツバメ類）に与える影響は全然違うということになります。餌を厳選することで、結果的に自分たちの社会も選択してしまったと言えます。

さらに、恒温動物と違って、飛翔昆虫は比較的高い温度環境下でしか活動できないので、必然的にツバメは南北の渡りを進化させることになります。もちろん、温度が年中高い熱帯・亜熱帯付近にずっといるという選択肢もありますが、そこでは餌をめぐる近縁種などとの競争もあり、渡りをするもの、しないものに分かれてきます（第３章）。長距離の渡りはまた、効率的な異性誘引の必要性を増すので、彼らの見た目や生涯を通じての婚姻関係も変え、行動様式もそれに応じて変化させていきます。このことは結果として集団内の格差を助長させ、集団内での社会的な関係

図6-5 飛翔昆虫を食べることがツバメの生き方を決めているのかもしれない。

も変えます（第4章）。なお、渡りをするもののなかでも、ルートの分岐や渡りの距離、渡りの方向によって集団が分かれることは第5章にも記した通りです。

実際、ツバメの仲間では餌を食べることがかなり強力な自然選択となっていて、餌不足による地域集団の絶滅もわりとひんぱんに起こることが知られています。そのため、餌自体が多方面に強く影響することはある程度予想されることだと言えます。さすがに現時点で「全て餌のおかげだ」と決めつけるのは根拠の薄い妄想に過ぎません。一度妄想に取り憑かれると、もう、そうとしか思えないですが（ダジャレです）、全部ではないにしても、ツバメの現在をもたらしたかなりの部分に餌が直接的、あるいは間接的に作用している気がします。

「食べ物」を軽視しない

現代に生きる私たちは、食べられる側が食べる側に影響を受けることはなんとなく分かっても、食べる側が食べられる側に影響されることを受け入れ難いかもしれません。デートの時はちょっとオシャレなイタリアン、仕事に追われた時は近場のファストフードという風に状況に応じて食事を選ぶので、食べる側の意思決定が全てだと思ってしまうこともあります。しかし、こうした見方がそもそも、前述の「自然の階段」のように、一方向的なものの見方に基づくものになっています。もちろん食べる側が食べられる側より「偉い」わけではありませんし、両者は双方向的に影響をおよぼします。

実際、私たち自身の進化においても、食べ物がかなり重要な部分を占めたという話はよく知られています。火を獲得したことも、食べ物の効率的な消化吸収を促し、かつて咀嚼に必要だった顎や筋肉を削減することで大きな脳を形成するのに役立ったという話もあります。何も私たちの遠い祖先にまで遡らなくても、酪農を代々続けてきたヨーロッパでは大人になっても乳糖を消化できる酵素を分泌していたり、逆にアジアではアルコールを分解*できないように進化していたりと、地域間で比較しても消化できる食物には違いが見られるそうです。日本人の腸内フローラには海苔を分解する酵素を分泌する細菌が含まれていて、そのおかげで海苔を効率よく消

＊アルコールを分解　現在ではゲノムを精査することで、進化の方向まで分かるようになっていて、それによればアジアではかつてもっていたアルコールの分解酵素をなくす方向に適応進化したことが分かっている。

化できることも知られています。消化能力だけでなく、高密度の都市や（職業の）分業化などの社会システムが生まれたのも豊富に蓄えられる穀物食を選択した結果だという話もあります。

飽食の時代に暮らすヒトでさえ食べ物の影響が見られるほどなので、もちろん他の生物でも餌は重要だと考えられています。* かつてマルサスが『人口論』で正しく説明している通り（第4章参照）、生物の増加速度は得られる食べ物の量によって制限されますので、効率的な採食やそれに伴うもろもろの特徴が重要になってくるのは不思議なことではありません。前述の通り、飛翔昆虫の予期せぬ消長によって餓死と隣り合わせに生きているツバメは、餌の効果が特に分かりやすく現れるのかもしれません。同じ鳥の仲間でも果実食の鳥では植物側も種子散布のために食べられることを望んでいるために、餌がもたらす自然選択が大して働かず、進化の仕方が違っているという話もあります。餌がツバメの世界に与えた影響が実際どれほどのものなのか、昆虫食でも空中生活に踏み切らなかったヒタキの仲間（図6－6）とは何が違うのか、今後少しずつでも明らかにしていけたらと思います。

＊**餌は重要**　身近なところでは、もともと肉食だったオオカミがヒトのそばでイヌとなる過程で、効率的な炭水化物の消化能力を獲得したという話もある。野生動物では第3章に登場したくちばしの適応放散が有名。

図6-6　ヒタキの仲間の一種、キビタキ。ヒタキは英語で「フライキャッチャー」（つまり「ハエ捕獲者」）と呼ばれるが、ツバメほどの飛翔能力は進化させなかった。

ツバメと学問

本書でここまで扱ってきたのは主にツバメの生態に関してですが、ツバメの世界観を紹介するにあたって、結果としてさまざまな研究者の世界観も紹介してきたことにお気づきの方もいるかもしれません。第1章や第2章はいわゆる感覚生態学と呼ばれる「生物の感覚そのものを通じた生態」を扱った分野で、生態学の一派閥としては比較的新しいものの見方です。結局のところ、自分が感知できる範囲でしか生物は対応できないので、これまでの人間主観のアプローチをやめて、生物自身の感覚に基づいて生物の生態も進化も考えていかなければならないということになります。紫外線や地磁気の感知など、ときにヒトが直接感知できない要因を扱うことになるので直感的に分かりづらいこともありますが、各生物自身の世界観を知るには必要不可欠なものの見方です。相手の感覚を正しく把握しないと相手の立ち居振る舞いの意味を見誤ってしまうことは既に紹介した通りです。

この見方をベースにして、その後の章はそれぞれまた違う領域の話を扱っています。第3章では他種生物との絡みを通した群集生態学と呼ばれる分野に近い領域を扱いました。ヒトはわりと他の生物を排して、自分たちだけの社会で暮らしたがる変わった生物ですが、ツバメは地域群集として存在する多種多様な生物と関わっています。またそうした群集構造自体にツバメが影響を与えたり、また腸内フローラの項目で見たように、影響を与えられたりして彼らの世界が築き上げられていくことになります。2種間での相互作用は別に群集生態学の専売特許ではありませんが、多数の種が関わる現象を理解するには欠かせない分野です。餌を介した植物への影響など、普段は見逃してしまう関係はたくさんあり、そうした間接的な影響を通じてツバメは地域群集の一員として機能していることになります（図6-7）。

第4章ではわりと古典的な行動生態学に立ち返って、ツバメたちの同種社会の構造や社会のなかでの立ち位置の話を扱いました。「烏合の衆」という言葉もあるように、人

図6-7　生態学だけでも、ツバメを取り巻く多様な見方がある。

間社会に暮らしているとついツバメなどの鳥や他の生物の個体差や社会構造を見くびり、自分たちの社会を高貴で優れた複雑性をもった唯一無二のものだと勘違いしがちです。しかし、ヒトに見られる社会的な関係性は多かれ少なかれ、ツバメ（や他の生物）にも見られることを紹介し、また個々のツバメが実際にそうした関係性を踏まえて行動していることを見ました。トランプゲームの「大富豪（地域によっては大貧民）」のように、配られたカードと自身の立ち位置でのベストな戦略を採用して生きていくことになります。どんな生き物も社会のなかで暮らし、社会的な格差があるなかでネットワークを構築して暮らしていますが、そのなかで各自がいかに生きていくか、というのが大事になっています。

第5章は渡りという広範囲におよぶ現象を扱いました。基本的には1つの地域内のできごとを扱う従来の生態学に比べて、扱う範囲が大幅に広がるので、マクロ生態学とも呼ばれる分野に通じるところがありますが、時間生物学だったり、遺伝学、エピジェネティクスや、地理情報を扱う景観生態学（のさわり）だったりも登場しました。コラム（ツバメ豆知識）と合わせて、移動そのものを扱う移動生態学も登場しています。渡りに伴って体内の生理的な状態がどのように調整されているか（生理生態学）も少しだけ扱いました。他の章でもそうですが、結局のところ1つの分野にこだわっていては全体像が見えてこないので、分野の壁を飛び越えて、いわゆる「学際的」なアプローチをしてこそ、相手の世界が見えてくることになります。第5章の内容で言えば、地域の枠組みを超えてこそ、渡りのルートの問題だったり、越冬地が違うツバメとの交流だったり、彼らの生き方に沿った見方ができるようになります。

もちろん、それぞれの分野そのものが深いので、いずれもほんの上澄み程度にしか触れられていませんが、同じツバメという生き物を語る上でも、見方が違えば見えてくるものもまた違います。各生物にとっての当たり前はこうした多面的な見方をして初めて見えてくるとも言えるかもしれません。

本書にはなるべく多様なものの見方を取り入れたつもりですが、もちろんこれが全てというわけではありません。生態学以外にもさまざまな分野がありますし、生態に関係していても、今回は取り入れていない分野もあります。前著『ツバメのひみつ』では、主に進化的な観点で、本書では扱わなかった行動生態学の主要分野や直接的に進化を扱う進化生態学の枠組み、コラムでは（各個体の）遺伝子配列に基づくゲノミクスと呼ばれる領域も登場していますが、過度な重複を避けるために、こうした話題は本書ではほとんど扱っていません。この結果、前著はより個体差を意識した作りとなっているので、本書が扱うツバメの主観的な世界観とはまた違った印象を感じられると思います。

前著と本書で同じ現象もちょくちょく登場していますが、捉える枠組みによって、違う景色が見えてくることもまた楽しんでいただけたらと思います。私自身、同じ対象生物（ツバメ）を扱っていても、学問領域が違う研究者と話すと「そんな見方があったのか」と驚くことがよくあります。おもしろく感じる分野もあれば、とっつきにくい印象を受ける分野もあると思いますが、研究者にもさまざまな視点があることをご承知いただき、研究者の視点が変わるにつれて、読者自身の視点も移っていくことを感じていただけると著者冥利につきます。

ツバメによる環境改変

本書では、環境に合わせてツバメがものの見方や世界観を形成してきたことを紹介してきましたが、人によっては「自らを環境に合わせるより、環境を自らに合わせた方が楽チンだ」と考える方もいることでしょう。実際、環境を改変する力こそがヒトという生物の特徴だと考えている人もいます。しかし、これはその他もろもろのヒトの特徴と同じく、程度の問題に過ぎません。ヒト以外の生物も大なり小なり似たような特徴を示しますし、もちろんツバメも環境改変を行うことで知られています。なかでも分かりやすいのが、ツバメの巣です（図6-8）。

ツバメは泥を使って巣を作り、なわばり内の物理的な環境を直接変えてしまいます。軒先で木材などの建材に泥を運んできて、カップ状の巣を作って繁殖することは一般的にもよく知られています（図6-9）。あまりに見慣れているので、こうした泥を使った巣作りも当たり前のことに感じてしまいますが、泥で巣を作ることは鳥類全体で見ても類を見ないユニークな行動で、動物界の技術革新（イノベーション）の1つだと考えられてい

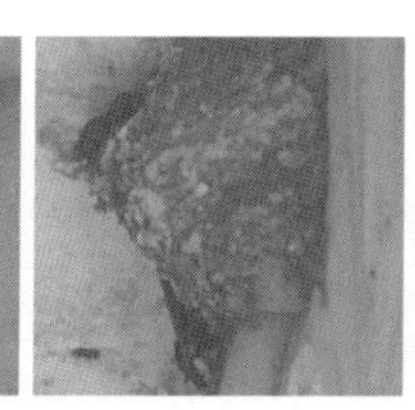
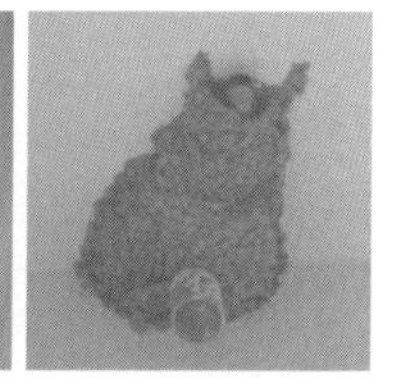

図6-8 （左から）ツバメ、イワツバメ、コシアカツバメの巣。いずれも泥を主原料にするが、使う材料の粒子は普通のツバメよりイワツバメ、イワツバメよりコシアカツバメが大きくなる傾向にあるという。形の違いに注意。

ます。泥を使うことで、ほんのわずかなとっかかり、あるいは完全な垂直面にも巣をかけ、自分自身やヒナを支える子育て空間をイチから構築することができます。日本では「土喰黒女」という妖怪のような名前でも知られるツバメですが、実際、ずいぶん型破りな鳥のようです（ちなみに、土喰黒女はツチバミクロメ、あるいはツバクラメと読みます）。

泥の巣は日持ちするので、そのまま古巣として何年も残ります。翌年以降に繁殖地にやってきたツバメはこの古巣を再利用して子育てすることもできますし、経験の浅いツバメはこうした古巣を見て、繁殖場所の良し悪しを判断できます。何もなかったところに家を建てるだけでなく、世代を超えてこうした「建造物」が引き継がれ、また新たに近くに巣を作ることで規模が拡大していく様子はヒトの街づくりにも似ています。

ダニなどがこうした古巣に潜んで、翌年またツバメが帰ってくるのを待っているという話もありますが、ツバメとは特に関係のないガ（蛾）の仲間が羽毛のかけらなどを食べて生活する場として古巣を活用していることも知られています。また、こうした古巣をねぐらとして使う、あるいは、自分の繁殖用に改造してしまう鳥もいるということは第3章で既に紹介し

図6-9　巣材として泥を集めるイワツバメ。

た通りです。北米のビーバーが作るダムなど、あたり一面を大規模に変えてしまうほどの環境改変と比べると見劣りするかもしれませんが、ツバメによるこうした物理的な環境改変もまた、自分たちの生活だけでなく、他種の空間利用とその後の生き方を変えて地域の生物群集に影響していくことになります。

なお、ツバメはみんな泥で巣を作るイメージがあるかもしれませんが、ツバメの仲間も半数程度は泥で巣を作ることなく、巣穴を掘ったり、樹洞などを利用したりして巣を構えます。本書に登場したツバメの仲間で言えば、ミドリツバメが巣箱を使って繁殖するものとして有名で、第4章に登場したムラサキツバメも同様にして繁殖します（図4－21には巣も描かれています）。普通のツバメに慣れているとこうした巣穴を使うツバメの仲間に違和感を覚えてしまいますが、日本で繁殖するツバメの仲間でもショウドウツバメは自分で土手に穴を掘って巣を作ることで知られています（図6－10）。

泥を使って巣を作るツバメの仲間はこうした巣穴を使う祖先から派生してきたと考えられています。巣穴を使う仲間は巣穴の入手に適した環境、

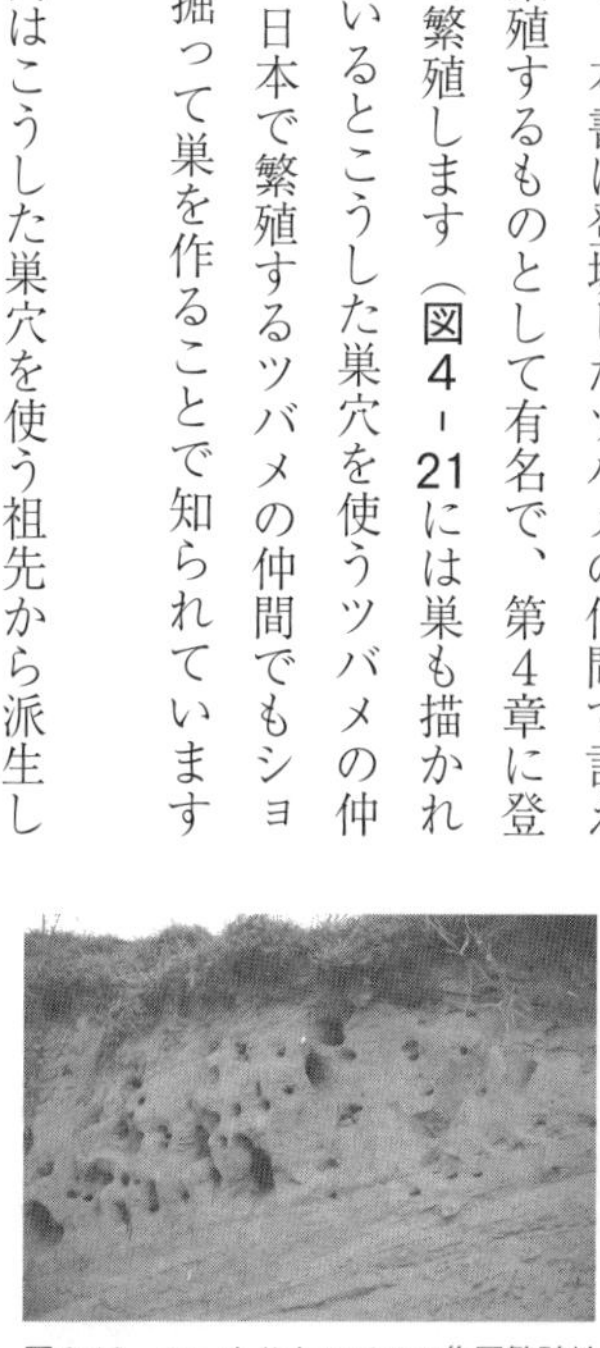

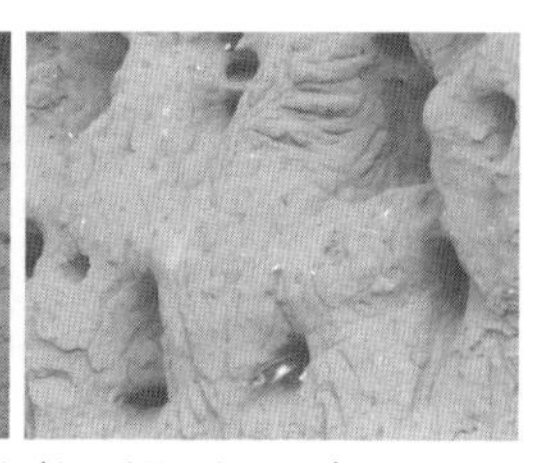

図6-10　ショウドウツバメの集団繁殖地（左：遠景：右：近景）。ショウドウツバメは日本では北海道で繁殖する渡り鳥で、川の土手などに巣穴が並ぶ。

たとえばショウドウツバメで言えば好ましい材質の土手がどうしても必要になりますが、泥で巣を作れるようになったことで、繁殖可能環境が大幅に広がることになります（図6-11）。これによって、それまで巣穴を掘るタイプのツバメの仲間には利用不能だった民家の軒先も繁殖場所として使えるようになりました。いったん泥を使う工法が進化した後、普通のツバメのような比較的簡単な構造の巣を作る工法から、コシアカツバメなどの高度なトックリ状の巣を作る工法が派生したようです。

原始的な構造から複雑な構造が進化するのは当たり前のような気がしてしまいますが、小鳥の仲間全体で言えばむしろドーム状の巣を作るものからカップ状の巣を作るものが進化した可能性が高いことが報告されています（図6-12）。そのため、ツバメと他の小鳥の仲間では、巣作りの進化順序が逆転していることになります。どうしてこのような真逆の進化が起こるのかはよく分かりませんが、泥を使う場合と使わずに枝などを使って巣を作る場合で、作りやすさや変形のしやすさに違いがあったのかもしれません。本書では生態的な見方に終始して、あまり進化そのものは詳しく取り上げませんでしたが、ツバメやイワツバメ、コシアカツバメの巣や巣

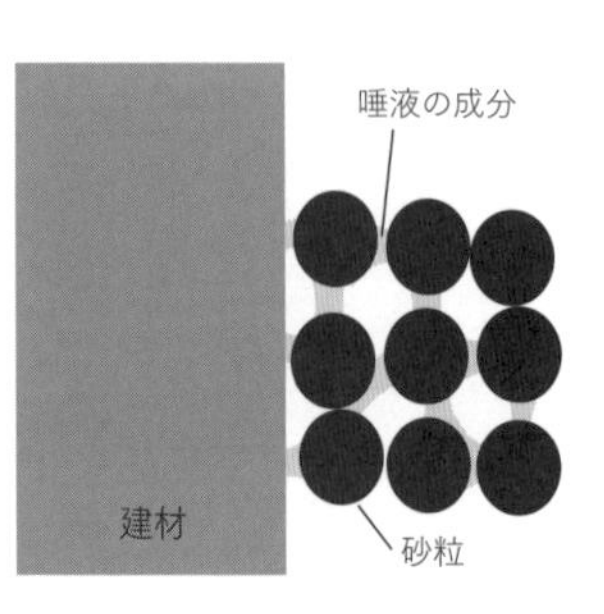

図6-11　唾液の成分が砂粒や建材をつなぐことで底面の支えなしでも丈夫な泥巣ができるという。Jung et al（2021）PNASの図をもとに作成。

作りを観察する機会があれば、こうした行動の進化について思いをめぐらせてもおもしろいと思います。

最後に

身近に普通にいるツバメも、ていねいに見ていくとヒトとは異なる世界観をもっていることが見えてきたと思います。ヒトと共有していて当然だろうと思える感覚が全然違っていたり、逆に、ヒトに特有だと考えがちな個体差、格差、社会などは、程度は違ってもツバメにも見られたりします。実際のところ、彼らは彼らで自然環境と社会環境のなかでもがいています（図6-13）。人間環境に疲れた時、ふと、他の生き物に憧れ、そうした生き物として暮らしてみたいと願うことがありますが、こうした憧れはそもそも彼ら自身をあまり分かっていないことから来る「となりの芝は青い」現象に過ぎないのかもしれません。漫画『ブラック・ジャック』には対人関係に疲れて鳥になることを選択する人の話がありますが、現実世界

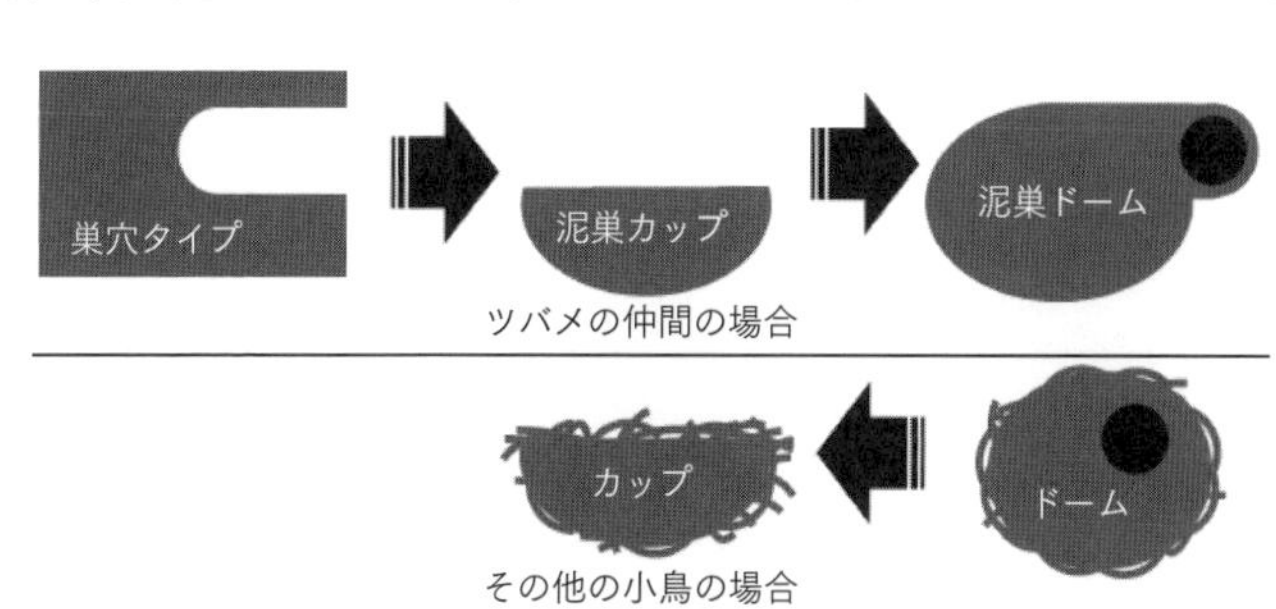

図6-12　ツバメの巣の進化（上）では、巣穴タイプから泥を使うタイプ、さらに複雑な泥巣タイプが登場したとされ、一般的な巣作り工法の進化順序（下）とは逆だという。

でこれが本当に可能だとしても、今度は対「鳥」関係の実情に疲れて、また別の生き物に憧れるだけかもしれません。

もちろん、ヒトが苦労しているところとツバメが苦労しているところは完全に一致するわけではありません。たとえば、ツバメになると少なくとも3世帯間でのトラブルに巻き込まれることは少なくなりますが、逆に、ヒトでいるときには問題にならなかった他種との関係に気を配らなければいけません（ヒトなら利害が対立する生物は問答無用で排除するだけです）。お互いが理解できるところもあれば、理解できないところもあるのは当然だと思いますので、一方の短所、あるいは長所だけ見てあきらめたり、うらやんだりする前に、相手の生き様全体を知るというのはとても大事なことのように思います。

なお、本書はツバメに関して重点的に焦点を当てた書籍で、ツバメの独特の世界を紹介しているわけですが、これは別に「ツバメ」が特殊な生物だということを言いたいわけではありません。世の中にすんでいる生物は大なり小なり彼ら自身の独特の世界にすんでいます。身の周りに暮らしている他の生き物、たとえば、スズメだったり、バッタだったり、庭に生え

図6-13 （巣材に使う）羽毛をめぐって争うツバメ。よく見ると左のツバメが羽毛をくわえている。

ている柿の木だってそうだと思います。身近な例ですらそうした具合なので、熱帯雨林、極地、砂漠、深海の熱水噴出孔などで暮らす生物ではそれぞれ私たちには想像もつかない、奇想天外な世界をもっていてもおかしくありません。

そうした生き物が私たち同様に地球上で暮らしていることにリスペクト（敬意）をもって生活することで、私たち自身の世界観もぐっと深まるような気がします。本書を読んだからと言ってツバメだけを特別視するのではなく、ツバメの世界観もまた1つの世界観でしかなく、それぞれの生物がそれぞれの多様な世界観をもって暮らしていることを感じて、その暮らしを尊重することにつながってくれるとうれしいなと思います。

付録1

ツバメとその仲間

見た目の特徴と近縁種

ツバメはツバメ科というグループに属する鳥です。ツバメ科の鳥は全員が空中で飛翔昆虫を食べて暮らしていて、長い翼と短い足をもつ、わりと分かりやすい見た目をしています。基本的には飛んでいる虫を食べるので、くちばしも短く、かわいい顔をしています。ツバメと言えばV字の尾羽、いわゆる「燕尾」をイメージすることも多いですが、普通のツバメのように分かりやすい燕尾をもつものはツバメの仲間でも少数派です（**図1**）。

ツバメの仲間は、世界的に見れば70種以上いますが、日本で繁殖するのはそのうち5種に過ぎません。普通のツバメの他に、コシアカツバメやイワツバメ、リュウキュウツバメ、ショウドウツバメがいます（**口絵33〜44参照**）。このうちツバメに一番近いのは琉球列島で繁殖するリュウキュウ

図1　飛翔中のツバメ。足は羽毛の下にたたんでいて見えない。カラー版は口絵32参照。

ツバメで、尾羽が短い以外はとてもツバメに似た鳥です。あまりに似ているので同じ種類と思っている方も多いのですが、お互いに子孫を残していくことができない「別種」です。

コシアカツバメとイワツバメは普通のツバメとは少し系統が離れ、腰がそれぞれ赤色と白色をしています（系統については後述します）。巣もツバメのようなカップ状ではなくドーム状です（第6章参照）。コシアカツバメは尾羽が長いので、ぱっと見は普通のツバメに似ているようにも見えますが、尾羽に白い斑がありません。そのため、注意深く観察すれば、赤い腰が見えなくてもツバメと区別できます。飛び方もツバメに比べるとゆったりしていて、急旋回などはほとんどしませんので、慣れてくると飛び方だけでもツバメと区別できます（ちなみに、鳴き声も普通のツバメと違って金属感のある特徴的な声をしています）。イワツバメは高架や橋の下に巣をかけることが多いので、一般的な知名度はそこまで高くないかもしれませんが、晴れた日などはよく上空でチュリチュリ鳴きながら飛んでいます。コシアカツバメもイワツバメも、普通のツバメよりは密に繁殖することが多いようです（第4章参照）。

ショウドウツバメは日本では北海道だけで繁殖する鳥で、背中も灰色がかっていて、パタパタ飛びます。ショウドウツバメは他の4種とは違って街中で見かけることはまれだと思いますが、これはこの鳥が川の土手などに穴を掘って、そこで集団で繁殖しているためです。泥で巣を作ることはありませんので、より祖先に近い巣作りのスタイルを続けていると考えられています（第6章参照）。

似て非なる鳥

アマツバメの仲間（アマツバメ、ヒメアマツバメ、ハリオアマツバメなど）は見た目がツバメにとてもよく似ているので、ツバメの仲間だと誤解されがちです。実際、長い翼や短いくちばし、短い足、また滑るように空中を飛ぶ様はツバメにそっくりです（**図2**）。しかし、これらの鳥はツバメ科を含むスズメ目とは遠く離れたグループであるアマツバメ目に

図2　アマツバメ。腹側から見たところ（右下は背側から見たアマツバメ）。

属していて、ツバメとは全然違う仲間になります。むしろ、アメリカで繁殖するハチドリに近い仲間です。本書では、ツバメの仲間のみ扱い、アマツバメの仲間はほとんど扱っていません（なお、中華料理で有名な「燕の巣」はアマツバメの一種が作る巣です）。

ツバメとアマツバメはグループが違う、と言われても今ひとつピンとこないかもしれません。「どこかのエライ先生のグループ分けに何で従わなければいけないの」と思う方もいることでしょう。しかし、こうしたグループは、ヒトの恣意的な分類の結果生まれたわけではなく、そもそもの生物がどうやって共通祖先から派生してきたかに基づいている、というのが正確なところです。現在地球上に存在しているツバメの仲間は、全て同一の「ツバメの先祖（共通祖先）」から進化し、多様化したグループだとも言えます。アマツバメの仲間はツバメの先祖から進化したわけではなく、ハチドリと同じ祖先から進化したグループです。

ツバメの仲間の系統関係

ツバメとリュウキュウツバメはとてもよく似ているので、わりと最近になって共通祖先から分かれてきたことが（なんとなく）分かると思います。日本国内では、次にツバメに近いのはコシアカツバメとイワツバメ、その次がショウドウツバメという感じで、順番に過去に遡っていけば、分岐した生命の樹が描けます（図3）。これがいわゆる「系統樹」で、実際にはなんとなく似ているかどうかではなく、自然選択をほとんど受けていない領域の遺伝子情報を主に使って調べられています。もちろん、日本のツバメの仲間5種だけでなく、世界中の全てのツバメが同じ共通祖先から派生したはずですので、ツバメ全種を扱った系統の歴史も描けます。

実際の生物の多様化の歴史は共通祖先から始まって

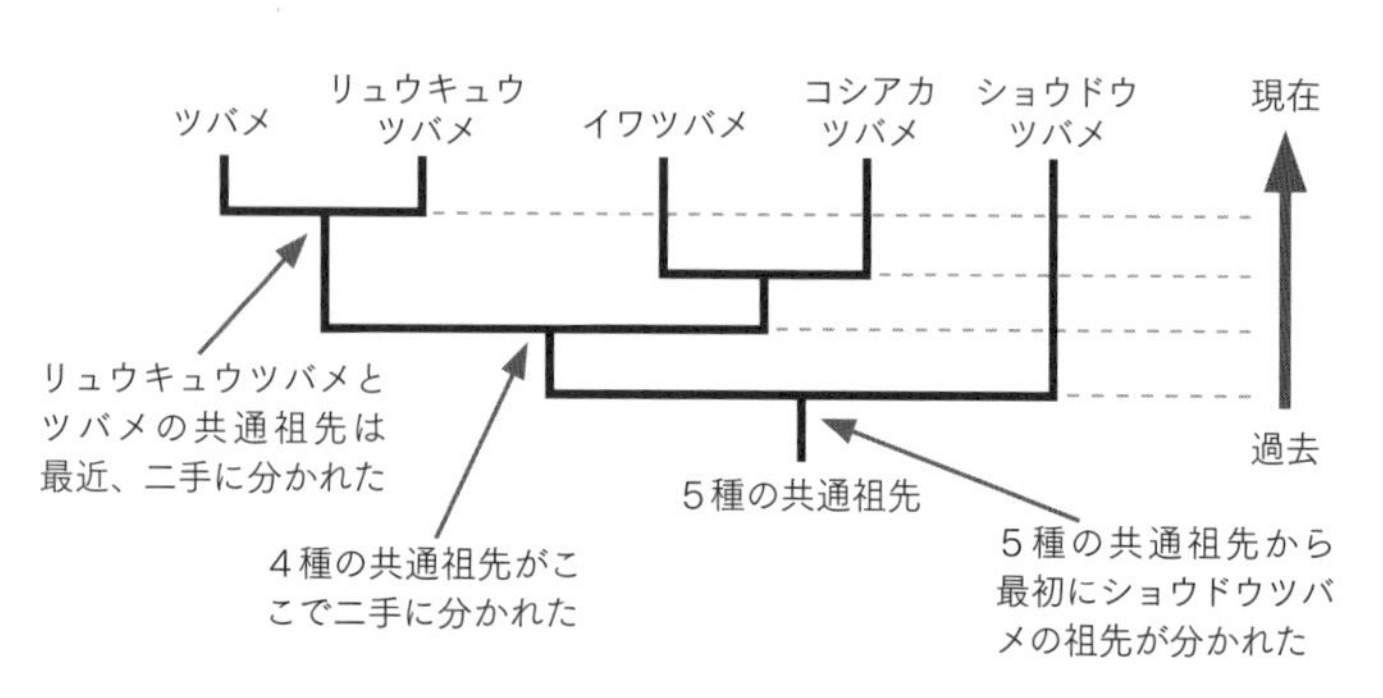

図3　日本で繁殖するツバメの仲間の系統樹。ツバメとリュウキュウツバメは比較的近縁で、2種の共通祖先は比較的最近分岐した。イワツバメとコシアカツバメも同様。ツバメとリュウキュウツバメの共通祖先、イワツバメとコシアカツバメの共通祖先はもう少し前に分岐した。4種の共通祖先とショウドウツバメの共通祖先（つまり5種の共通祖先）はさらにもう少し前に分岐したと考えられる。ここでは分岐した順番と分岐の仕方だけを記す。実際の系統樹はSheldon et al (2005) Mol Phyl Evol参照。

徐々に分かれることを繰り返して進んでいったのですが、遺伝情報を精査することで、現在から過去に歴史を遡っていくことができるわけです。遺伝子をある種のタイムマシンとして使うことができるとも言えます。漫画『ドラえもん』のように私たち自身が過去に行かなくても、遺伝子に乗って過去（の情報）が現在にやってきているわけです。

なお、「これだけ遺伝情報が活用されている現代なのだから、鳥の系統関係ぐらいもう分かりきっているはずだ」と思うかもしれませんが、そんなことはありません。ツバメの仲間でも、モリサンショクツバメという鳥は2018年になってこれまで考えられていたサンショクツバメ*の近縁種ではなく、むしろイワツバメに近いグループだったことが判明していますおかしいので、将来的には名前も変更になるかもしれません）。ツバメの仲間でも他の生物でも、今後こうしたニュースは定期的に入ってくることになると思います。

*サンショクツバメ　サンショクツバメ（第4章参照）はどちらかと言うとコシアカツバメに近いグループとして知られる。

鳥全体の系統関係

こうした遺伝情報を活用して、2012年には1万種近くの鳥を扱った系統樹も描かれています。1万種の系統樹はさすがに複雑過ぎるので、ここではひとまず日本にいるメジャーな鳥とツバメ、アマツバメを含めて系統樹を描いてみました（**図4**）。これを見ると、ツバメとアマツバメは見た感じも暮らしぶりもとてもよく似ていますが、系統的にはツバメとスズメどころか、ツバメとハヤブサよりも遠い関係にあることになります。第2章では、タカとハヤブサも収斂（しゅうれん）進化したと記しましたが、この系統樹でも、ハヤブサはむしろ小鳥に近い仲間で、タカの仲間とは離れていることが分かると思います（**図4**ではオオタカはむしろ、カワセミやフクロウなどと近いことが示されています）。

ちなみに、地球上に現在存在している生物は全て1つ

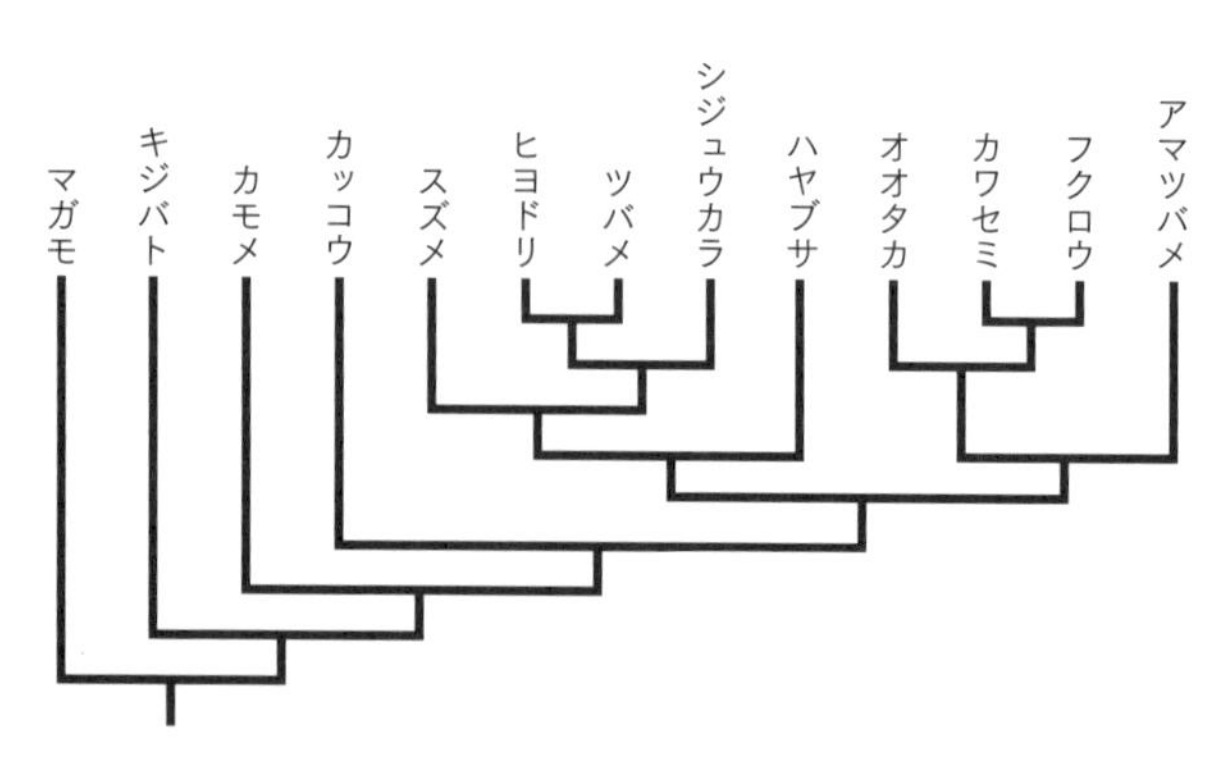

図4　日本にいる有名な鳥の系統関係。ツバメとアマツバメは見た目が似ていても、系統的には遠い。逆に、ツバメとヒヨドリは見た目がそこまで似ていないが、わりと近縁。それぞれのグループのなかで各種に分かれる。省略したグループもあることに注意。系統樹はbirdtree.orgのものを使用。

の共通祖先の子孫だと考えられているので、描こうと思えば動物だけでなく、植物も細菌も含めた全生物の系統樹を描くことも可能なのですが、大変過ぎるので普通は描きません。ですが、実際にこうした系統情報を踏まえて考えることは生物の進化を知る上で、とても大切なことです。

たとえば、前述したツバメとアマツバメの例でも、2つのグループが長い翼や短い足などの似た特徴を収斂進化（第1章参照）させたことは、系統樹が分かって初めて明らかになることです。系統樹が分かっていなければ、収斂進化したのか、それとも単純に同じ祖先から派生したために似ているだけなのか、なかなか区別できません。タカとハヤブサの収斂進化、あるいは第6章に登場するツバメの仲間で巣作りがどうやって進化したかも、こうした系統情報を踏まえて初めて分かったことです。本文中ではさらっと進化の話が出てきますが、実際にはこうした系統的な関係を考慮して調べていることになります。

付録2

ツバメの日常生活

普段の採食行動

ツバメの仲間は基本的には全種が飛翔昆虫を食べて生活しています。ときには地面に降りて虫を食べたり、植物を食べたりする場合もあるので、飛翔昆虫しか食べないわけではありませんが、主食は飛翔昆虫です。私たちの主食は米やパンといった炭水化物なので、基本的な食事内容は全く違うことになります。なお、ツバメはまれに夜間に街灯に集まる虫を食べることもありますが、基本的には全種が昼間に活動する鳥です。ツバメの仲間の採食行動の意味や種間の違いについては第3章でていねいに取り上げています。

繁殖の仕方

ツバメは鳥類ですので、哺乳類と違って卵を産んで温めることが必要です。卵は1日1卵産み、本州では3～6個ほど産みます（図5）。卵がある程度揃ったら、メスは卵の上に座り、卵を温めるようになります。ツバメの仲間でも鳥によってはオスとメスが同じくらい抱卵（＝卵を温めること）に参加しますが、普通のツバメは抱卵のほとんどをメスが担います。オスもたまに卵の上に座るのですが、ツバメのオスは卵を温める抱卵斑（図6）がないので、卵の温度上昇には貢献できず、せいぜい卵が冷えていくのを遅らせる程度だと考えられています。卵がかえるまでにおおよそ2週間ほどかかりますが、もちろん早めにかえる場合もあれば、時間がかかる場合もあります。このあたりは周囲の気温や巣の保温状況、抱卵行動などによって変わってきます。邪魔が入ったりして効率的に抱卵できない場合は、卵がかえる日数が余計にかかります。

なお、全ての卵を産み終わってから抱卵を開始すると基本的には孵化の時間が揃うことになるのですが、全て産み終わる前に卵を温め始めると、

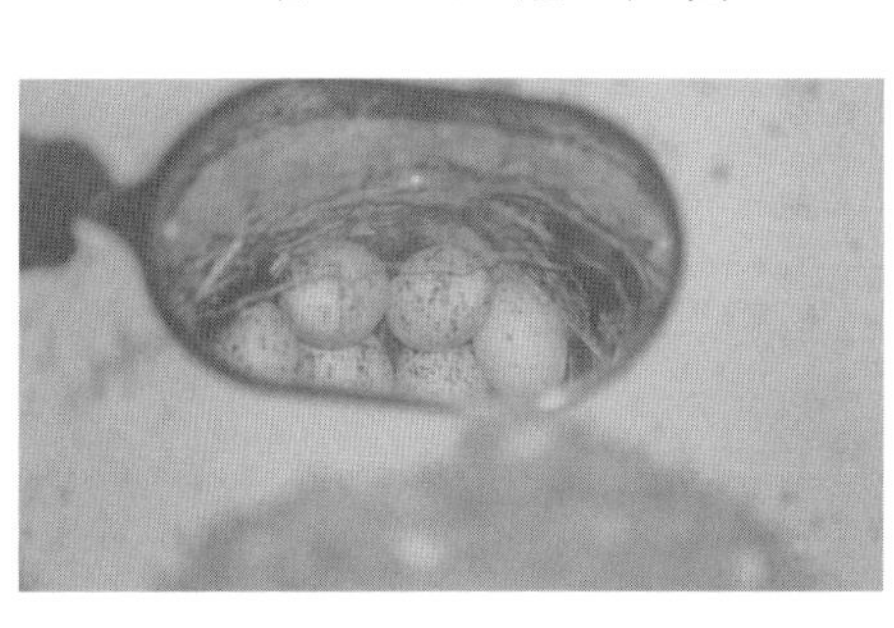

図5　鏡でツバメの巣内の卵をのぞいたところ。白地に茶色の斑点があるのが、普通のツバメの卵の特徴。

その時点で既に産まれていた卵の成長が早く進むので、これから生まれる卵より早く孵化することになります。巣の中に明らかに大きさの違うヒナがいることがありますが、こうした事情あってのことです（早く孵化したヒナの方が早く成長するので、遅く孵化したヒナより大きくなることになります）。全員が孵化した後も大きいヒナの方が小さいヒナより競争能力は高いので、孵化の順番はその後もヒナの大きさと直結することになります（後で孵化したヒナとしては大きなヒナが巣の中にいるという不利な状況のなかで成長しなければいけないということです：第4章参照）。

　卵がかえったら、雌雄で餌をあげてヒナを育てます。ツバメ（とその仲間）は他の多くの小鳥と同じく一夫一妻なので、各巣にはお父さんとお母さんがひとりずついる、ということになります。ヒナの世話と言えば餌やりが一番に頭に浮かびますが、ヒナがまだ小さいうちは自力で体温を維持することができないので、卵の時と同様、メスがヒナを温めてあげる必要があります（専門用語で「抱雛（ほうすう）」と言います）。この他、親の世話行動としては、捕食者を追い払うことも含まれます（第3章参照）。ヒナはおよそ20日程度で巣立ちますが、巣立ち後も給餌などの世話が必要で、すぐに

図6　メスの抱卵斑。卵を直接温められるように、腹側の羽毛が抜けて、皮膚が裸出する。

独立するわけではありません（第4章参照）。

現実的には全部の巣でこのようにうまく子が独立するわけではなく、私たちが調査していた新潟県上越市ではおよそ半数がカラスに襲われるなどして巣内の卵やヒナが全滅していました。ただ、繁殖に失敗しても、時間があれば繁殖のやり直しができます。繁殖に成功した場合も時間があれば、2回目、3回目の繁殖を行うことがありますので、1年に巣立つヒナの数としては0から10羽以上まで幅があります。なお、巣立ったヒナが無事に翌年繁殖地に戻ってくるのは数%と言われています。

繁殖した後は何をしているのか？

ツバメの場合、繁殖が終わりしだい即座に越冬地に戻っていくというわけではありません。繁殖が終わってもヒナたちが渡りに適した状態になるには、翼を発達させたり、栄養を蓄えたりといった時間が必要ですし、繁殖活動で疲弊した親鳥も準備に時間がかかります。繁殖が終われば営巣場所からは移動してしまうので、どこに行っているのか気になる方もいると思いますが、多くの場合、ヨシ原などのねぐら近くに集まっていて、渡りまでの間はそこで過ごします。繁殖の間は家族でいるか、せいぜいご近所さんに関わっているぐらいのものですが、ヨシ原では何万羽も同じ場所に集まることがあり、壮観です。地域によってはねぐら入り時にツバメの観察会が行われているところもあるので、そうした会に参加してみてもおもしろいと思います。なお、繁殖の前にも「春ねぐら」としてヨシ原などに集まって寝ていることがあるそうです。

ツバメの仲間は全種が渡りをするわけではありません。日本でもリュウキュウツバメは渡りをせず、年中同じ場所にとどまって生活します。それでも夏の終わりには普段暮らしている繁殖巣を離れて一時的にねぐらに集まることもあるので（図7）、ねぐらは渡りの準備の場所以外にも、仲間内での情報交換など、何か機能があるのかもしれません。

越冬地での生活

無事に渡りに成功すると、南の越冬地で冬を越すことになります。この

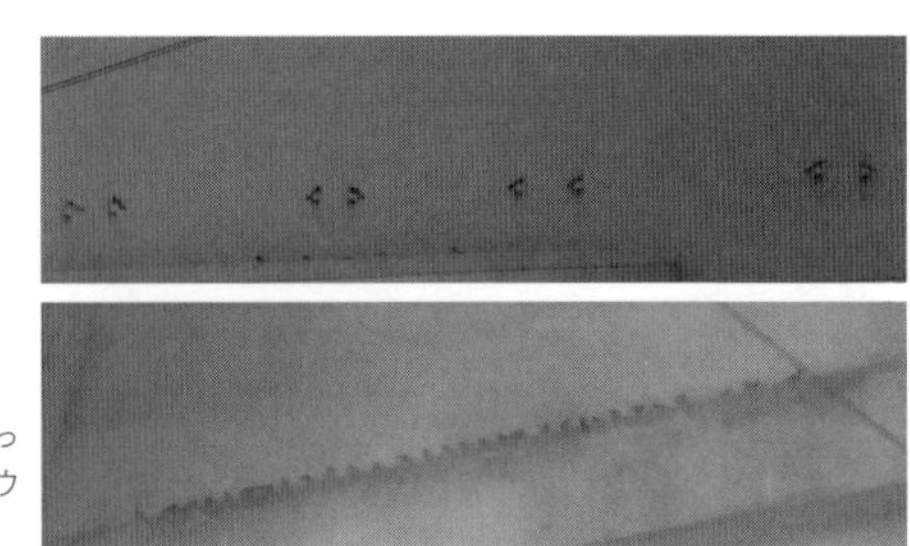

図7　建物に集まって眠るリュウキュウツバメ（ねぐら）。

間に繁殖することは基本的にはありません（例外は第5章参照）。越冬地での生活は次の繁殖期へ向けた準備の季節で、この間に換羽もします。春に向けて準備が整えば、繁殖地に向けて旅立ち、うまくいけばそこで繁殖することになります。大型の鳥では隔年で繁殖するものもいるようですが、ツバメの仲間は基本的に生きていれば毎年繁殖します（ただし、ツバメが翌年繁殖地に戻ってくる確率は5割程度と考えられています。**表**）。

表　上越市で繁殖したツバメの帰還率（2015年、2016年の合計）

性別	繁殖成功した場合	繁殖失敗した場合	計
オス	56.3%（126）	19.0%（42）	47.0%（168）
メス	40.5%（126）	9.5%（42）	33.3%（168）

カッコ内は調べたツバメのペア数（ここでは1年に1羽以上が巣立った場合を繁殖成功した場合としていることに注意）。なお、ペアの両方が帰還した26ペアのうち、65.4％（17ペア）は離婚していた。数値はArai et al（2009）Bird Studyより。

付録3

ツバメの性別・年齢

見た目の違い

「ツバメなんてオスもメスもみんな一緒」と思われている方も多いと思いますが、もちろんそんなことはありません。特に、普通のツバメは雌雄差が分かりやすい鳥です。よく見ると、オスの方がメスより尾羽が細く長く、尾羽の白斑が大きく、喉の色が濃く（口絵2参照）。、また背中の色の青味が強く、紫外線もよく反射する傾向があります。色の違いは野外ではなかなか見分けにくいですが、尾羽の長さは電線に止まっている時に簡単に比較できますので、並んでいればどちらがオスか分かりやすいと思います（図8、口絵24参照）。

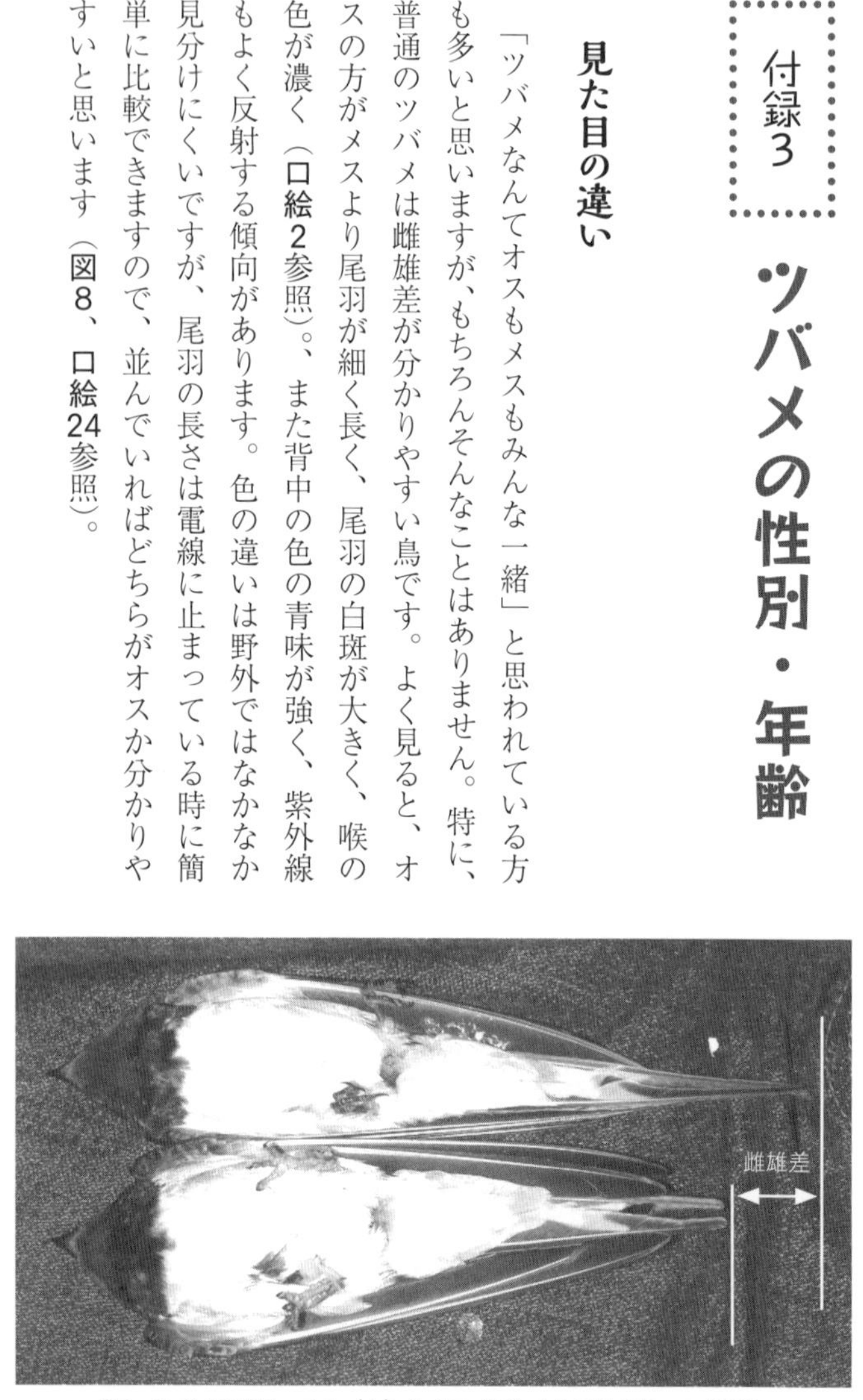

図8　ツバメの雌雄。オス（上）はメス（下）より尾羽が長いのが特徴。

行動の違い

場合によっては第1章の図1-1のペアのように外見的に区別しにくいこともありますが、そのような時でも、オスはメスより活動的で、「土食って虫食って渋ーい」とよくさえずるので、行動をしばらく見ているとどちらがオスなのか、すぐ分かります。また、抱卵はメス主体で行うので、抱卵をよくしているツバメはメスだろうと当たりをつけることもできます（図9）。

なぜこうした違いがあるのかをていねいに説明するとそれだけで1冊の本が書けてしまいますが、簡単に言えば、オスはメスを惹きつける必要があるので、求愛に関わる特徴により多く投資をする結果、派手で目立つようになったと言えます。メスはそのような投資はあまりしない代わりに、子育てに力を入れます。あくまで卵を産むのはメスなので、せっかく産んだ卵を無駄にしないように繁殖にも力を入れるし、しょうもない配偶者を選んで失敗しないようにちゃんと吟味することになります。こうした吟味があるからこそ、オスは求愛に力を入れているとも言えます。

図9　抱卵中のメス
（図1-16と同じメス）。

普通のツバメ以外の場合

日本で繁殖する普通のツバメ以外の4種はそこまで雌雄差が大きくありません。コシアカツバメは普通のツバメに似て尾羽が長いのですが、普通のツバメほどは雌雄差が大きくないようです（口絵38参照）。ツバメが見分けられるようになっても、コシアカツバメの雌雄判別はなかなか難しいかもしれません。ショウドウツバメやイワツバメ、リュウキュウツバメはそもそも尾羽自体が短いので、形態から雌雄を判別するのはさらに難しいと思います。普通のツバメとリュウキュウツバメ以外はあまり電線に止まらないので、形態や行動をじっくり観察するのが難しい、という事情もあります（場所柄もあります）。

年齢の違い

ちなみに、ツバメは毎年換羽するので、1年ごとに羽毛の特徴が変わります。ただ、毎年全然違う特徴を示すのかというと、そういうわけでもなく、同じツバメはだいたい似たような特徴、たとえば、前年に燕尾が発達していたツバメは翌年も燕尾を発達させる傾向がありますし、喉色が濃いツバメは翌年も喉色が濃くなりやすいようです。特徴の変化自体も年齢と関係しているという話もあって、たとえば、燕尾は1歳より2歳の時に深く、長くなることが知られていて、その後、3歳、4歳と年を重ねていくと、また短くなります（残念ながらツバメの平均寿命は1年半ほどと短いので、実際には3歳や4歳のツバメはまれにしかいません）。鳥の種類によっては1歳の鳥が2歳以上の鳥と明らかに見た目が違ったりして区別しやすいのですが、普通のツバメでは野外で年齢を判定できるほど分かりやすい違いはありません。

ツバメの場合、年齢がはっきり分かるのはその年に巣立ったヒナ（いわゆる幼鳥）ぐらいです。幼鳥は燕尾が未発達で、喉色がピンク色、くちばしはまだ黄色なので、親鳥と見分けることができます（**口絵6参照**）。こうした幼鳥も越冬地で換羽してしまうと、もう野外では年上のツバメと区別できなくなります（**図10**）。

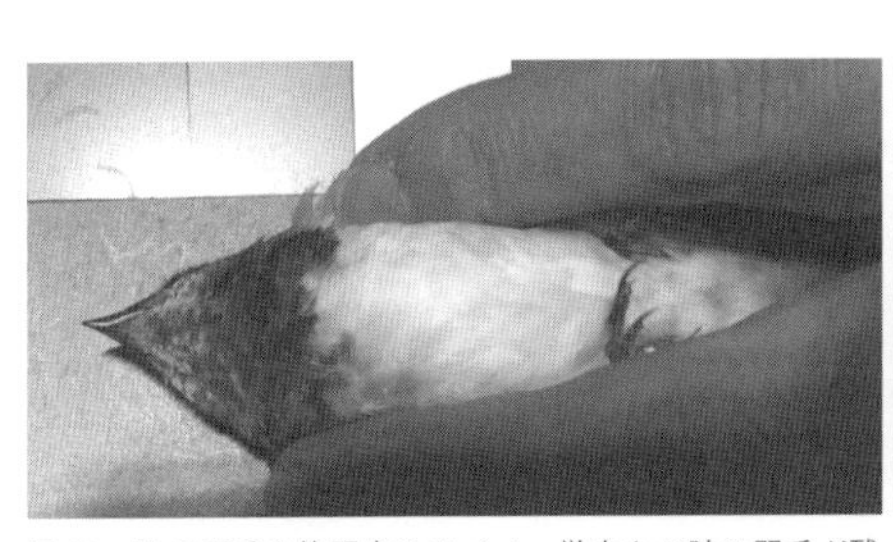
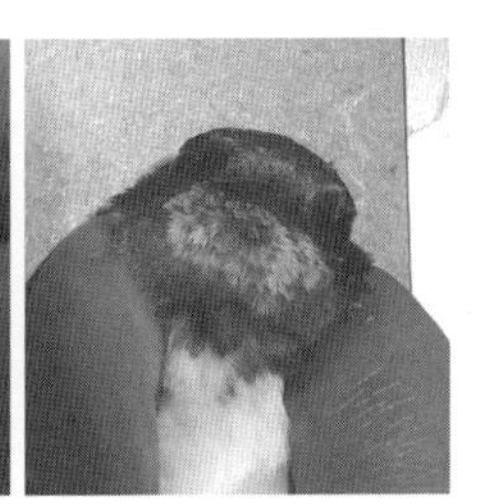

図10　喉の羽毛を換羽中のツバメ。巣立ちの時の羽毛が残っているので斑になっている。

ここまでツバメの基本情報を紹介してきましたが、これらはあくまで基本情報に過ぎないということに注意が必要です。たとえば、本書では地域差はほとんど考慮していませんが、普通のツバメは全世界に分布していて、地域によって異なる生態を示すことが分かっています（本文にも一部紹介しています）。また、日本国内でも、北日本と南日本によって見た目が少し違っている他、地域によっては渡りを行わず、繁殖場所で越冬しているという報告もあります。これらについての詳細は前著『ツバメのひみつ』にも載っていますが、ぜひ、お住まいの地域で暮らすツバメが実際どのように暮らしているか、彼らの世界観や周りとの関わりが実際どのような感じなのか、実物に注意を払っていただけますと幸いです。友人や恋人について伝聞で得た情報を盲信して実物をないがしろにすべきではないのと同じで、身近であるがままの姿を披露してくれているツバメですので、あるがままの生き様を目で見て、肌で感じていただけるとうれしい限りです。

もっとよく知りたい方へ（参考文献）

各章ごとの主要な参考文献について簡略的にまとめました。各文献の末尾には本書で紹介した各文献の内容を日本語で記しています。年号に続いているのが各文献のタイトルで、インターネットなどで検索すれば要約や、場合によっては全文を読めるものもあります。たった数頁の論文がほとんどですが、純粋な知見やその意義が濃縮されたものですので、気になる文献は一度チェックしてみていただけますとうれしいです。

第1章

- Giunchi & Baldaccini (2004) Orientation of juvenile barn swallows (*Hirundo rustica*) tested in Emlen funnels during autumn migration. Behav Ecol Sociobiol 56: 124-131（ツバメの磁気感知）
- Hasegawa et al (2013) Male nestling-like courtship calls attract female barn swallows *Hirundo rustica* gutturalis. Anim Behav 86: 949-953（ツバメのヒナ擬態）
- Kingsley et al (2018) Identity and novelty in the avian syrinx. PNAS 115: 10209-10217（鳥の鳴管構造）
- Kitazawa et al (2015) Developmental genetic bases behind the independent origin of the tympanic membrane in mammals and diapsids. Nat Comm 6: 6853（鳥類と哺乳類の鼓膜の進化）

- Martin (2017) The sensory ecology of birds. Oxford Univ Press, Oxford（鳥の感覚生態学の書籍、やや感覚寄り）
- Møller (1990) Deceptive use of alarm calls by male swallows, *Hirundo rustica*: a new paternity guard. Behav Ecol 1: 1–6（捕食者が来たと嘘をつくツバメ）
- Stevens (2013) Sensory ecology, behaviour, and evolution. Oxford University Press, Oxford（感覚生態学一般の書籍）
- Tucker (2017) Major evolutionary transitions and innovations: the tympanic middle ear. Phil Trans R Soc B 372: 20150483（哺乳類と鳥などの耳の構造）

第2章

- Boström et al (2016) Ultra-rapid vision in birds. PLoS One 11: e0151099（昆虫食の小鳥の動体視力）
- Bringmann (2019) Structure and function of the bird fovea. Anat Histol Embryol 48: 177–200（鳥のフォビアのまとめ）
- Gondo & Ando (1995) Comparative histophysiological study of oil droplets in the avian retina. Jpn J Ornithol 44: 81–91（鳥の油滴の比較）
- Hasegawa & Arai (2020) Fork tails evolved differently in swallows and swifts. J Evol Biol 33: 911–919（燕尾の進化）
- Møller & Mateos-González (2019) Plumage brightness and uropygial gland secretions in barn swallows. Curr Zool 65: 177–182（ツバメの化粧）
- Stockman & Sharpe (2000) The spectral sensitivities of the middle- and long-wavelength-sensitive cones derived from measurements in observers of known genotype. Vision Res 40:

1711–1737（ヒトの色覚）
- Toomey & Corbo (2017) Evolution, development and function of vertebrate cone oil droplets. Front Neural Circuits 11: 97（脊椎動物の油滴）
- Toomey et al (2016) Complementary shifts in photoreceptor spectral tuning unlock the full adaptive potential of ultraviolet vision in birds. eLife 5: e15675（色覚を向上させる鳥の油滴）
- Tyrrell & Fernández-Juricic (2017) The hawk-eyed songbird: retinal morphology, eye shape, and visual fields of an aerial insectivore. Am Nat 189: 709–717（ツバメ類の目の構造）
- With (2019) Essentials of landscape ecology. Oxford University Press, Oxford（景観生態学の教科書）
- Wood (1917) The fundus oculi of birds: especially as viewed by the ophthalmoscope. Lakeside, Chicago（さまざまな鳥の網膜の構造を示した書籍）

第3章

- Ambrosini et al (2019) Cloacal microbiomes and ecology of individual barn swallows. FEMS Microbiol Ecol 95: fiz061（ツバメの腸内フローラと生態）
- Bergstrom & Dugatkin (2016) Evolution. WW Norton & Co Inc, NY（大学生向けの進化の教科書）
- Brown (1986) Cliff swallow colonies as an information centers. Science 234: 83–85（細かい餌の情報共有）
- Hasegawa et al (2014) Urban and colorful male house finches are less aggressive. Behav Ecol 25: 641–649（アリゾナでのメキシコマシコの研究）
- Johnson et al (2017) Convergent evolution in social swallows (Aves: Hirundinidae). Ecol Evol 7: 550–560（燕尾と集団生活）

- McClenaghan et al (2019) DNA metabarcoding reveals the broad and flexible diet of a declining aerial insectivore. Auk 136: 1-11（DNA情報から明かすツバメの餌）
- Meehan et al (2005) Negative indirect effects of an avian insectivore on the fruit set of an insect-pollinated herb. Oikos 109: 297–304（ツバメの仲間が植物に与える影響）
- Palopoli et al (2014) Complete mitochondrial genomes of the human follicle mites *Demodex brevis* and *D. folliculorum*: novel gene arrangement, truncated tRNA genes, and ancient divergence between species. BMC Genomics 15: 1124（ヒトの顔にすむ顔ダニのゲノム情報）
- Sasaki et al (2015) Indicators of recent mating success in the pipevine swallowtail butterfly (*Battus philenor*) and their relationship to male phenotype. J Insect Physiol 83: 30–36（アリゾナのアオジャコウアゲハ研究）
- Speakman et al (2000) Activity patterns of insectivorous bats and birds in northern Scandinavia (69°N), during continuous midsummer daylight. Oikos 88: 75–86（白夜のツバメとコウモリ）
- Suzuki (2011) Parental alarm calls warn nestlings about different predatory threats. Curr Biol 21: R15–R16（シジュウカラの警戒声使い分け）
- Yu et al (2016) Barn swallows (*Hirundo rustica*) differentiate between common cuckoo and sparrowhawk in China: alarm calls convey information on threat. Behav Ecol Sociobiol 70: 171–178（カッコウに対するツバメの警戒）

第４章

- Kleven et al (2005) Extrapair mating between relatives in the barn swallow: a role for kin selection? Biol Lett 1: 389–392（ツバメの血縁者相手の浮気）

- Levin et al (2015) Performance of encounternet tags: field tests of miniaturized proximity loggers for use on small birds. PLoS One 10: e0137242（電子タグを使った社会相互作用の研究）
- Levin et al (2016) Stress response, gut microbial diversity and sexual signals correlate with social interactions. Biol Lett 12: 20160352（ツバメのソーシャルネットワーク）
- Hasegawa & Arai (2020) Correlated evolution of biparental incubation and sexual tail monomorphism in swallows and martins (Aves: Hirundinidae). Evol Ecol 34: 777–788（オスの抱卵と浮気、燕尾の関係）
- Hasegawa & Kutsukake (2019) Kin selection and reproductive value in social mammals. J Ethol 37: 139–150（血縁と繁殖価の簡単なまとめ）
- Romano et al (2013) Parent-absent signalling of need and its consequences for sibling competition in the barn swallow. Behav Ecol Sociobiol 67: 851–859（腹を空かせた兄弟に餌を譲る）
- Scandolara et al (2014) Context-, phenotype-, and kin-dependent natal dispersal of barn swallows (*Hirundo rustica*). Behav Ecol 25: 180–190（血縁を考慮したツバメの帰郷）

第5章

- Briedis et al (2018) Loop migration, induced by seasonally different flyway use, in Northern European Barn Swallows. J Ornithol 159: 885–891（ループを描くツバメの渡り）
- Go et al (2019) A range-wide domino effect and resetting of the annual cycle in a migratory songbird. Proc R Soc Lond B 286: 1–9（繁殖と渡りのドミノ効果）
- Hasegawa et al (2016) Evolution of tail fork depth in genus *Hirundo*. Ecol Evol 6: 851–858（ツバメの近縁種の渡りと見た目の関係）

- Heim et al (2020) Using geolocator tracking data and ringing archives to validate citizen-science based seasonal predictions of bird distribution in a data-poor region. Global Ecol Conserv 24: e01215（アジア域での渡り鳥の足環とジオロケーターを使った渡り経路）
- Saino et al (2017) Migration phenology and breeding success are predicted by methylation of a photoperiodic gene in the barn swallow. Sci Rep 7: 45412（渡りのエピジェネティクス）
- Scordato et al (2020) Migratory divides coincide with reproductive barriers across replicated avian hybrid zones above the Tibetan Plateau. Ecol Lett 23: 231-241（ツバメのマイグレタリ・ディヴァイド）
- Sparks & Tryjanowski (2007) Patterns of spring arrival dates differ in two hirundines. Climate Res 35: 159-164（ツバメとショウドウツバメの渡り時期の変遷）
- Winkler et al (2017) Long-distance range expansion and rapid adjustment of migration in a newly established population of barn swallows breeding in Argentina. Curr Biol 27: 1080-1084（アルゼンチンのツバメの渡り）

第6章

- Jung et al (2021) Avian mud nest architecture by self-secreted saliva. PNAS 118: e2018509118（唾液を使った泥巣構築）
- Papoulis et al (2018) Mineralogical and textural characteristics of nest building geomaterials used by three sympatric mud-nesting hirundine species. Sci Rep 8: 11050（巣の材質の違い）
- Price & Griffith (2017) Open cup nests evolved from roofed nests in the early passerines. Proc R Soc Lond B 284: 20162708（小鳥全体での巣の進化）
- Winkler & Sheldon (1993) Evolution of nest construction in swallows (Hirundinidae): a

molecular phylogenetic perspective. PNAS 90: 5705–5707（ツバメ類の巣の進化）

付録

• Arai et al (2009) Divorce and asynchronous arrival in Barn Swallows *Hirundo rustica*. Bird Study 56: 411–413（日本のツバメの離婚率）
• Sheldon et al (2005) Phylogeny of swallows (Aves: Hirundinidae) estimated from nuclear and mitochondrial DNA sequences. Mol Phyl Evol 35: 254–270（ツバメ類の系統樹）
• Turner (2006) The barn swallow. T & AD Poyser, London（ツバメの専門書籍）
• Turner & Rose (1994) A handbook to the swallows and martins of the world. Helm, London（世界のツバメ図鑑）

■著者
長谷川 克（はせがわ まさる）

石川県立大学環境科学科 客員研究員
1982年石川県生まれ。2011年筑波大学大学院生命環境科学研究科博士課程修了。博士（理学）。2011年筑波大学・特別研究員、2011年Arizona State University/Research fellow、2013年総合研究大学院大学特別研究員、2015年日本学術振興会博士特別研究員を経て、2019年4月より現所属。専門は行動生態学、進化生態学。ツバメについて調べた数多くの論文が評価され、2016年に日本生態学会鈴木賞、2017年に日本鳥学会黒田賞を受賞している。著書に『ツバメのひみつ』（緑書房）、『はじめてのフィールドワーク③日本の鳥類編』（共著、東海大学出版）など。

担当コラム：ツバメ豆知識1　ボクの「生物学」武者修行

■監修者
森本 元（もりもと げん）

（公財）山階鳥類研究所 保全研究室・自然誌研究室 研究員
東邦大学 客員准教授
1975年新潟県生まれ。2007年立教大学大学院理学研究科博士後期課程修了。博士（理学）。立教大学博士研究員、国立科学博物館支援研究員などを経て、2012年に山階鳥類研究所へ着任し2015年より現職。専門分野は、生態学、行動生態学、鳥類学、羽毛学など。鳥類の色彩や羽毛構造の研究や、山地性鳥類・都市鳥の研究、バイオミメティクス研究、鳥類の渡りに関する研究を主なテーマとしている。著書に『フクロウ大図鑑』『世界の渡り鳥大図鑑』（いずれも監訳、緑書房）、『ツバメのひみつ』（監修、緑書房）など。

担当コラム：ツバメ豆知識2　渡り鳥研究と標識調査～ツバメとの深い関係～

ツバメのせかい

2021年6月10日　第1刷発行

著　者	長谷川 克
監修者	森本 元
発行者	森田 猛
発行所	株式会社 緑書房 〒103-0004 東京都中央区東日本橋3丁目4番14号 TEL 03-6833-0560 https://www.midorishobo.co.jp
編　集	秋元 理、森光延子
編集協力	山田智子
デザイン	ACQUA
カバーデザイン	尾田直美
印刷所	図書印刷

ISBN 978-4-89531-565-4 Printed in Japan